ISMシリーズ: 進化する統計数理 4

The Institute of Statistical Mathematics

統計数理研究所 編
編集委員 樋口知之・中野純司・丸山 宏

製品開発のための統計解析入門

― JMPによる品質管理・品質工学 ―

河村敏彦 著

近代科学社

◆ 読者の皆さまへ ◆

　小社の出版物をご愛読くださいまして，まことに有り難うございます．

　おかげさまで，㈱近代科学社は 1959 年の創立以来，2009 年をもって 50 周年を迎えることができました．これも，ひとえに皆さまの温かいご支援の賜物と存じ，衷心より御礼申し上げます．

　この機に小社では，全出版物に対して UD（ユニバーサル・デザイン）を基本コンセプトに掲げ，そのユーザビリティ性の追究を徹底してまいる所存でおります．

　本書を通じまして何かお気づきの事柄がございましたら，ぜひ以下の「お問合せ先」までご一報くださいますようお願いいたします．

　お問合せ先：reader@kindaikagaku.co.jp

　なお，本書の制作には，以下が各プロセスに関与いたしました：
- 企画：小山　透
- 編集：石井沙知
- 組版：加藤文明社 ($\mathrm{L\!\!^A\!\!T\!\_E\!X}$)
- 印刷：加藤文明社
- 製本：加藤文明社 (PUR)
- 資材管理：加藤文明社
- カバー・表紙デザイン：川崎デザイン
- 広報宣伝・営業：冨高琢磨，山口幸治

- JMP，SAS およびその他の SAS Institute Inc. の製品名またはサービス名は SAS Institute Inc. の登録商標です．これらの商標はすべて SAS Institute Inc. の米国および各国における登録商標または商標です．その他，本書に記載されている会社名・製品名等は，一般的に各社の登録商標または商標です．本文中の ©，®，™ 等の表示は省略しています．

- 本書の複製権・翻訳権・譲渡権は株式会社近代科学社が保有します．
- [JCOPY]〈(社)出版者著作権管理機構委託出版物〉
  本書の無断複写は著作権法上での例外を除き禁じられています．複写される場合は，そのつど事前に(社)出版者著作権管理機構（電話 03-3513-6969，FAX 03-3513-6979，e-mail: info@jcopy.or.jp）の許諾を得てください．

[ISMシリーズ：進化する統計数理]

刊行にあたって

　人類の繁栄は，環境の変化に対し，経験と知識にもとづいて将来を予測し，適切に意思決定を行える知能によってもたらされた．この知能をコンピュータ上に構築する科学者の夢は未だに実現されていないが，「予測と判断」といった機能の点においては知能を模倣するレベルが近年，相当向上している．その技術革新の起爆剤となったのは，データの加工・蓄積・輸送の作業効率を著しく高めたコンピュータの発展，およびインターネットのコモディティ（日用品）化である．では，データを扱う基礎となる学問は何かというと，今も昔も統計学であることに変わりはない．

　直接的にデータを取り扱う方法の科学の代表格は統計学であると言っても過言でないが，データ量の爆発とサンプル次元の巨大化に特徴づけられる新しいデータ環境に伴い，通常，データマイニングや機械学習と呼ぶ，新しい研究領域が勃興してきた．現在この三者は理論，応用を問わず相互に深く関係し合いながら，競争的に学術の発展に大きく寄与している．統計数理とは，データにもとづき合理的な意思決定を行うための方法を研究する学問である．よって，これら三つの研究領域を包含するのはもちろん，それらの理論的基礎となる部分を多く持つ数理科学とも不可分である．今後の統計数理は，さらなるデータ環境の変遷に従って，既存の研究領域と，時には飲み込む勢いでもって関連し合いながら発展していくであろう．その拡大する研究領域を我々は「進化する統計数理」と呼んだわけである．データ環境の変化を外的刺激として自己成長していく姿から"進化する"と命名した．そこには，データ環境にそぐわない手法は淘汰されるという危機意識も埋め込まれている．

　すると，「進化する統計数理」は，人類が繁栄していくために必須の科学であると言え，科学技術・学術の領域に限っても，自然科学から社会科学，人文科学に至るすべての分野に共通の基礎となる．したがって，「進化する統計数理」を，基礎から応用まで分かりやすく解説・教育する活動が大切であるが，残念ながら日本においては統計数理研究所を中心とした比較的小さいコミュニティのみが，その重責を担ってきた．一連の公開講座を開講してきた

のも，その使命を達成するためである．また最近は，統計数理の教育・啓発にかかわるさまざまな活動を集約発展させた，統計思考力育成事業も開始している．

　本シリーズの刊行目的は，その主たる執筆者群が統計数理研究所に属する教員であることからも明らかのように，現統計数理研究所が行っている「進化する統計数理」の教育普及活動の中身を解説することである．したがって，その内容は，「進化する統計数理」の持つ宿命的な多様性と時代性を反映した多岐にわたるものとなるが，各巻ともに，データとのつきあい方を通した各著者のスコープや人生観が投影されるユニークなものとしたい．

　本シリーズが「統計数理」の一層の広がりと発展に寄与できることを編集委員一同，切に願うものである．

樋口 知之，中野 純司，丸山 宏

はじめに

　本書は，技術開発・製品開発に必要とされる統計解析の入門書です．解説している主な内容は基礎統計，回帰分析，統計的品質管理，実験計画法および品質工学（ロバストパラメータ設計）です．
　一般に，品質改善ないしばらつき低減のための対策は
　(1) 原因そのものの除去
　(2) 原因の影響の減衰
のうちどちらかであるといわれています．
　(1) はばらつきの原因を見つけ，その原因をコントロールすることで特性のばらつきを低減することです．本書の第5章で述べる伝統的な統計的品質管理は，問題解決型QCストーリーによる原因そのもの発見および除去を目的とします．これに対し，(2) は原因が変動しても特性が変動しないという緩衝機構を与えることにより，設計開発段階におけるばらつきの低減を行う実験的な方法です．これはパラメータ設計として知られており，第2章から第4章で解説しています．
　本書の第6章においては，その原型ともいえる「変動要因解析のための回帰分析」を取り上げ，ばらつき低減のためのアプローチを説明しています．
　パラメータ設計とは，設計開発段階で様々な使用環境条件を意図的に取り上げて実験し，それらに対しロバストな設計条件を見いだすための技術方法論です．解析的には「制御因子と誤差因子との有効な交互作用の利用」が重要な役割を果たします．特に，望目特性，望大特性および動特性（ゼロ点比例式）に対するパラメータ設計の解析事例を示しています．
　パラメータ設計において，技術者は，物理的メカニズムとして何を選択（システム選択）し，技術モデルとして何を採用するかを考えなければなりません．しかし，これらが決まれば，その後は独創的なことはまったく要求されません．データ解析は単なる計算処理と割り切り，積極的に統計解析ソフトを活用して効率化し，解析前のシナリオ作りやデータの収集，解析結果の固有技術的な考察に頭を悩ますべきだと考えています．

本書は，世界最高水準の統計解析ソフト JMP ないしはそのアドインである S-RPD を用いて，主に品質管理・品質工学（ロバストパラメータ設計）で扱う一連の入門的な手法について解析しています．本書では，これらの手法を理解するうえで，統計ソフトの利用を前提に，最低限必要な統計理論を適宜説明しており，例えば，統計数理研究所の公開講座（初級）ならば，2日間コース（5時間/日×2日＝10時間）で学習できるように配慮しています．

統計ソフト JMP は，SAS Institute Inc. の共同創設者兼上級副社長である John Sall により開発され，デスクトップ上で，データの可視化およびインタラクティブな統計解析が可能です．特に，グラフィカルユーザ・インタフェイス (GUI) に優れ，工業統計で用いられる統計的品質管理，統計的工程管理，多変量解析，実験計画法，信頼性解析など古典的な手法から最先端の手法まで数多くの統計手法が搭載されています．本書では，その一部を解説しているに過ぎず，バージョンアップされる"統計ソフトから新しい知識を得る"，という学習スタイルも一つの進め方であると思っています．

本書の構成は，第1章で，ばらつき低減のための統計的アプローチの概要を説明し，第2章から4章までは，すべて
・実験概要とそのデータセット
・一般的な SN 比解析
・統計モデルによるロバストパラメータ設計

のような構成で，設計品質向上のための品質工学を解説しています．一方，第5章および6章は製造品質向上のための伝統的な問題解決型 QC ストーリーに基づき，具体例を通じて統計的品質管理を解説しています．

特に第6章では，実験的研究ではなく観察データに対する統計的工程解析を解説しています．これは先ほども述べたように，第2章から第4章のロバストパラメータ設計によるばらつき低減のための問題解決手法と基本的に同じアプローチであることも再認識して頂ければと思います．

本書は，数理統計学でもなければ，個々の統計手法の解説や統計解析ソフトのマニュアルでもなく，「問題発見・解決のためのプロセスの習得」を目的としています．技術開発や製品開発において，ここで示したシンプルな事例を「雛形」として，現場で直面している品質問題に取り組んでいただき，問題解決ストーリーの中に統計解析を埋め込んだ新たなエクセレント事例が生まれてくることを期待しています．

最後に本書が設計品質ないしは製造品質の向上を目指す技術者や統計解析を通じた品質管理・品質工学を学ぶ学生にとって有益となれば幸いです．

謝辞 本シリーズの編集委員である樋口知之先生（統計数理研究所所長），丸山宏先生（統計数理研究所副所長）には本書を出版する機会を与えていただきました．また椿広計先生（統計数理研究所副所長）には，統計数理研究所に在職中，品質管理および品質工学を含む統計工学に関して多くのご助言をいただきました．

　本書出版にあたり，SAS Institute Japan JMP 事業部の岡田雅一氏には，ロバストパラメータ設計が JMP 上で利用できるアドイン S-RPD を開発していただきました．同事業部の小野裕亮氏，勝村裕一氏，足羽晋也氏（クボタ）には，原稿の初歩的なミスや有益なコメントをいただきました．近代科学社の小山透氏，石井沙知氏，加藤文明社の岡田亮氏には出版，編集・組版に際し，何かとお世話になりました．この場を借りてお礼を申し上げます．

　本書の研究内容の一部は，科学研究費（平成 26–28 年度）：基盤研究 C（課題番号：26350445）研究課題「ロバストパラメータ設計における技術方法論の開発と大規模コンピュータ実験への応用」の助成を受けて実施した研究成果です．

2014 年 12 月

　　　　　　　　　　　　　　出雲にて　　河　村　敏　彦

目　次

1　ばらつき低減のためのアプローチ

- 1.1　伊奈製陶のタイル製造実験 2
- 1.2　ばらつきの低減のための対策 6
- 1.3　制御因子と誤差因子の交互作用 9
- 1.4　非線型の応用と2段階設計法 13

2　望目特性のパラメータ設計

- 2.1　ホットケーキミックスの設計 16
- 2.2　望目特性に対するSN比解析 20
- 2.3　望目特性に対するL&Dモデリング 29
- 2.4　望目特性に対する応答モデリング 36

3　望大特性のパラメータ設計

- 3.1　コンクリートの圧縮強度実験 44
- 3.2　望大特性に対するSN比解析 47
- 3.3　望大特性に対するL&Dモデリング 50
- 3.4　望大特性に対する応答モデリング 54

4　動特性のパラメータ設計

- 4.1　高速応答弁の設計 60
- 4.2　動特性に対するSN比解析 65

4.3　動特性に対するパフォーマンス測度モデリング 71
　　4.4　ゼロ点比例式における応答関数モデリング 76

5　統計的品質管理

　　5.1　食パンの焼き上がりの品質改善 84
　　5.2　単回帰分析：平均値調整の方法 91
　　5.3　相関分析：ばらつき低減の方法 97

6　変動要因解析のための回帰分析

　　6.1　塗装不良の品質改善 100
　　6.2　変動要因解析のための回帰分析 111
　　6.3　交互作用を利用したばらつき低減 124

　参考文献　　　　　　　　　　　　　　　　　　　　　　　　　　129

　索　引　　　　　　　　　　　　　　　　　　　　　　　　　　　130

1 ばらつき低減のためのアプローチ

　本章では，タイル製造実験を例として，ばらつき低減のためのアプローチを説明する．一般に，ばらつき低減のための対策は
　(1) 原因そのものの除去
　(2) 原因の影響を減衰
のうちどちらかであるといわれている．
　(1) はばらつきの原因を見つけ，その原因を直接コントロールすることで特性のばらつきを低減することである．統計的品質管理は，問題解決型QCストーリーに基づき原因そのもの発見および除去を目的とする．これに対し，(2) は原因が変動しても特性が変動しないという緩衝機構を与えることにより，設計開発段階におけるばらつきの低減を行う方法である．これは，ロバストパラメータ設計として知られており，実験研究により改善活動を行う方法である．

1.1 伊奈製陶のタイル製造実験

1953年，伊奈製陶（現在のLIXIL）は，ドイツ・ケラ式を参考にした焼成炉（トンネル釜）で，図1.1のように貨車に焼成前のタイルを積み，窯内で焼いていた[1]．

1) 図1.1は伊奈製陶のタイル製造用のトンネル窯である．ここで行われたタイル実験は，まさに品質工学（ロバストパラメータ設計）のルーツといえる．

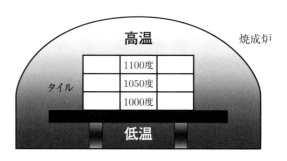

図 1.1 タイルの焼成炉

試運転段階で作成されたタイルは反りが強く，その多くが「反り不良」であった．これは熱源からの遠近で温度分布差が大きく発生するため，焼成後のタイルの寸法のばらつきが発生したのである．不良品の原因が熱源とタイルの距離差による炉内の温度分布差であることは明確であった[2]．

2) 本事例は，田口(1976)のpp.357-380および田口(1999)のpp.157-165に詳細に記述されているのでそちらも参照されたい．

伝統的な**統計的品質管理** (SQC：Statistical Quality Control) では，原因である温度分布差が小さくなるように

- 加熱源を多くする
- 炉内に熱風循環器を設置して炉内の熱循環を促進する
- タイルの間隔を空けてタイル間の熱交換を促進する

などが行われてきた．

これらの**問題解決法**は1950年代から1980年代に主に製造現場で実施されていた品質管理活動における問題解決のための**QCストーリー**に準じており，問題発見後にいかに迅速に原因を追究し対策を実施するかを目的にしている．

一方，田口は不良の原因である温度をコントロールするのではなく，設計条件である石灰を1%から5%に増加させることで寸法のばらつきを低減させた．

図 1.2 に焼成温度と焼成収縮率の関係を示している．炉内の温度が 1000 度から 1100 度では石灰 1% のとき**線型**であり，5% のとき**非線型**となり，傾きが異なっていることがわかる．このように，石灰 1% では寸法に大きく影響してしまうが，5% では温度差（± 200 度）による寸法へのばらつき具合はかなり低減していることがわかる．

この焼成炉内の温度差は，焼成温度と寸法との関係を乱す原因になっており**誤差因子**（ノイズ）と呼ばれている．一方，石灰の水準値は，技術者が自由に選択できる**制御因子**（設計パラメータ）である．この事例が公開されて以降，パラメータを設計（変更）することでノイズの影響を**減衰**させようとする設計方法が拡大していった[3]．

3)「ノイズ原因をそのままにしておき，制御因子の水準を変更することで寸法のばらつきを低減させる」という田口の解説は卓見であり，これらの方法は新設計論の原点となった．この設計方法は，その後，米国をはじめ，世界に展開されていくことになる．このような新設計論は田口玄一博士 (1924–2012) の名をとって一般に**タグチメソッド**と呼ばれるようになった．

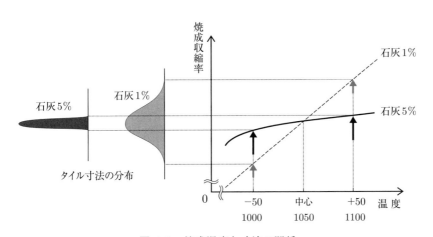

図 **1.2** 焼成温度と寸法の関係

田口は，設計パラメータを**内側直交表**（タイル組成）に割り付け，**外側条件**（焼成炉内の温度）との交互作用を利用して，温度差に影響されないタイルの配合（組成）条件を探索した．そこで，炉内に温度差があっても寸法のばらつきを発生させないような組成を行ったのである．現在では，この設計方法は**ロバストパラメータ設計**と呼ばれている．

さて，これまで紹介したタイル実験における品質特性は寸法であった．これは目標値が正の有限値である**望目特性**と呼ばれる特性である．1990 年代以降，田口流実験計画は，望目特性から**信号因子** (signal factor) を取り上げた動特性アプローチへと移行していく．

動特性アプローチとは，システムの機能性を入出力関係で記述し，その関係が理想機能に近づくような条件を求める方法論である．田口 (1999) には，先ほど紹介したタイル実験を動特性アプローチによる実験計画で行う場合の手順の記述がある．

ここで，焼成前のタイルの型寸法を信号因子 M とし焼成後の寸法 y を線型関数（ゼロ点比例式）

$$y = \beta M \tag{1.1}$$

で表現する．田口は大きさの異なる3枚のタイルをテストピースとして作り，その1枚について縦，横，斜めの寸法を測定し，図1.3のように計3枚×3水準 = 9水準 の信号因子を設定している．

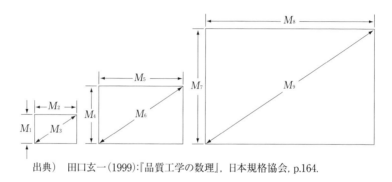

出典） 田口玄一(1999):『品質工学の数理』，日本規格協会, p.164.

図 1.3 小，中，大のタイルと9水準の信号因子

タイル実験における**理想機能**とは，焼成前の型寸法 M を焼成後のタイル寸法 y に転写することである．入力された値 M に対して

$$y = M \tag{1.2}$$

に従って出力する機能を**転写機能**と呼ぶ．この転写機能があれば縦横の比率が異なるタイルでも焼成することができる．

しかし，実際には同じ型寸法 M であってもトンネル窯内の温度の影響により焼成後のタイル寸法 y はばらついてしまう．動特性アプローチは，「誤差因子の変動」に対して機能の入出力関係を安定させることも目的の一つである．そこで，無数に存在する誤差因子の中でも変動への影響が強い要因をいくつか取り上げ，この機能がどのくらい安定しているかを評価する．

このとき，すべての誤差因子に対して何らかの水準組合せを取り上げるのではなく，タイル寸法が最も大きくなる場合 N_1 と最も小さくなる場合 N_2 の2水準を意図的に取り上げ，これを誤差因子とする．ここで，誤差因子とは統計的品質管理で扱う偶然誤差ないしは実験誤差とは異なることに注意されたい．

動特性のパラメータ設計では，誤差因子として温度を取り上げることにより，温度条件に対する**ロバスト性**（頑健性）を評価する．焼成後のタイルがヒケやソリなどになっている場合には，感度（傾き）あるいは機能性が誤差因子により異なっているといえる．

タイル実験における理想機能は，図 1.4 のように比例式 $y = M$ に従って，焼成前の型寸法 M を焼成後のタイル寸法 y に転写することである．そこで，パラメータ設計により，温度を意図的に N_1, N_2 と変化させるという誤差環境の中で機能性の安定を図り，理想機能に近づけるために設計パラメータを最適化する．その際，タイル実験における機能性評価のために，誤差因子の影響による理想機能からの乖離を **SN 比**という評価測度を用いて評価する．

1970 年代から 1990 年代にかけて，製品の特性値の安定を図るために望目特性のパラメータ設計が用いられていた段階では，主として信号因子 M の水準を固定した場合が研究対象とされてきた．タイル実験では，ある特定の寸法を品質特性として，誤差因子に対するロバスト性を評価していた．

しかし，1990 年代以降，パラメータ設計は特性を評価していた望目特性から機能性を評価するという動特性へと枠組みを変えた．そもそも，**機能性のロバストネス**というものをどのように評価するのか，ということ自体がパラメータ設計の新しい問いかけであり，一つの原理を構成しているのである．

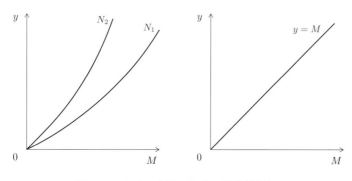

図 1.4 タイル実験における機能性評価

1.2　ばらつきの低減のための対策

前節で述べたようにタイルは，調合した材料粉末をプレスしトンネル窯で焼成して固めて作られる．トンネル窯内の貨車で，タイルは図 1.5 のように真ん中 4 段，端 3 段に配置していた（田口 (1999)，p.158）．窯は外からバーナーで加熱されるため，外壁に近い端部では温度が高くなり，そこに置かれたタイルは内部に置かれたものに比べ焼成収縮が進み，焼成後の寸法が小さくなってしまうのである．

このとき，ばらつき低減のための対策は，

① 原因そのものの除去
② 原因の影響を減衰

の 2 つのうちどちらかである．以下にそれぞれの方法を説明する．

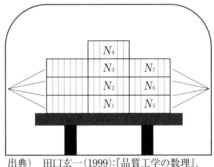

出典）　田口玄一 (1999)：『品質工学の数理』，日本規格協会，p.158.

図 1.5　貨車でのタイルの位置

ばらつき低減のための対策①：原因そのものの除去

対策①は，タイル寸法のばらつきの原因を見つけ，その原因をコントロールすることで特性のばらつきを低減することである．伝統的な**統計的品質管理**においては，主にこの方法が用いられてきた．

ここでは，統計的品質管理によるばらつきの低減について**単回帰モデル**を用いて説明する．なお，単回帰分析・相関分析によるばらつきの低減は，第 5 章でも詳しく説明する．

品質特性としてタイル寸法を y とし，この特性に影響する要因をトンネル窯内部の温度 x とする．y と x の間には相関関係が認められており，両者の関係を単回帰モデル

$$y = \alpha + \beta x + \varepsilon, \quad \varepsilon \sim N(0, \sigma_\varepsilon^2) \tag{1.3}$$

で記述する．ただし，誤差 ε は平均 0 および分散 σ_ε^2 の正規分布 $N(0, \sigma_\varepsilon^2)$ とする．ここで x は「変量」であり，x と ε は独立であると仮定する．また (1.3) 式の両辺の関係は，x と ε が原因で y が結果という因果関係があるとする．y と x の分散 (variance) をそれぞれ σ_y^2, σ_x^2 と記す．

このとき，**分散の加法性**により y の分散は，

$$\begin{aligned}\sigma_y^2 = \mathrm{Var}[y] &= \mathrm{Var}[\alpha + \beta x + \varepsilon] = \beta^2 \mathrm{Var}[x] + \mathrm{Var}[\varepsilon] \\ &= \beta^2 \sigma_x^2 + \sigma_\varepsilon^2 \end{aligned} \tag{1.4}$$

となる．

(1.4) 式より y の分散 σ_y^2 を低減するためには，右辺のばらつき対策が必要となることがわかる．このとき，偶然誤差 ε の分散 σ_ε^2 を小さくすることは困難だが，σ_x^2 のばらつきを小さくできる可能性はある．伝統的な統計的品質管理では，図 1.6 に示すように主要な原因をコントロールし（可能ならば $\sigma_x^2 \fallingdotseq 0$），品質特性のばらつき低減のための対策を行ってきたのである[4]．

4) 1920 年代，ベル研究所の W. A. Shewhart (1891–1967) は，偶然に見える変動要因からコントロールできる可避原因 (assignable cause) を発見し，その原因を低減させ偶然原因 (chance cause) のみにすることで，統計的な品質改善をはかるツールとして，管理図などの統計的品質管理手法を提案した．

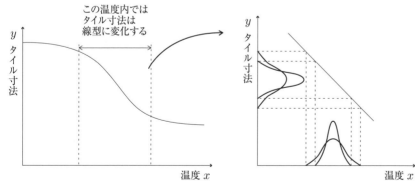

図 1.6 単回帰モデルによるばらつきの低減

タイル実験の説明に戻ろう．トンネル窯内の温度のばらつき σ_x^2 を小さくすることにより，タイル寸法 σ_y^2 のばらつきの低減が期待できる．すなわち，温度を一定にすればタイル寸法は安定しそうである．しかし，温度を一定にするためにはトンネル窯自体の設計を変えなければならないため，大幅なコストアップを招いてしまう．このように，ばらつきの原因が特定できたとしても，実際には対策が実行できないというのはよくある．

問題解決型 QC ストーリーにおける「対策選定」のステージでは，統計的品質管理手法を特に明示していない．「原因の除去」の対策は固有技術的に発案され，その効果が確認されたらストーリーは終了となる．

ばらつき低減のための対策 ②：原因の影響を減衰

次に，対策 ②の「原因の影響の減衰」について考えてみる．トンネル窯内の温度が一定でなくてもタイルの寸法が一定となるようにするには，どうすればよいだろうか．

ここで，もう一度タイル作りそのものについて検討してみよう．タイルは，ある種の最適条件のもとで調合した材料粉末をプレスし型を作り，トンネル窯で焼成して固めている．タイルがトンネル窯に入った時点で改善できる可能性は低くなってしまうので（統計的品質管理的アプローチの限界），改善ポイントは「ある種の最適条件のもとで調合した材料粉末をプレスし型を作る」段階にあると考えられる．そこで，田口はタイルの材料粉末の調合条件を改良することによって，温度が一定でなくてもタイル寸法が一定，すなわちタイルの焼け具合が安定するような設計方法を開発した．

田口は，温度のばらつきというノイズに対して，タイルの材料粉末（設計パラメータ）を最適化することにより，トンネル窯内の温度の影響を受けにくい安定性のある製品を設計（ロバスト設計）しようという技術方法論を提唱した．これが，**ロバストパラメータ設計**と呼ばれるものである．

設計パラメータの決定に際しては，設計者が自由に条件変更できる**制御因子** (control factor) を取り上げる．実際，タイル実験では制御因子として原料である粘土と各種の石類，添加物（計 7 つ）を直交表 L_{27} に割り付けて実験を行っている（田口 (1999), p.161）．そして，これらとトンネル窯内部における位置または温度条件を**誤差因子**あるいは**ノイズ因子** (noise factor) として取り上げた．これらがばらついていたとしてもタイル寸法が一定になるようにしたいのである．

1.3 制御因子と誤差因子の交互作用

本節では，タイル製造実験の事例を用いて，有効な交互作用というのはどういうものかを図 1.7 に示す．ただし，このグラフは実際のデータからプロットしたものではなく，あくまでもイメージ図であることに注意されたい．

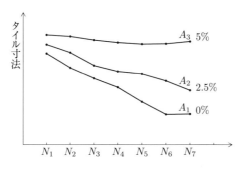

図 1.7　有効な交互作用のイメージ図

制御因子 A の効果は，誤差因子 N の効果を変えていることがわかる．タイルの調合条件である添加物 A の水準を変えることによって，誤差因子 N の効果は，$A_1 : 0\%$ では大きく，$A_3 : 5\%$ ではほとんど影響しないことがわかる[5]．

このことは，実験計画法の用語では「制御因子と誤差因子の交互作用を調べて設計パラメータを決める」ということになる．ここで，因子として取り上げたトンネル窯内の温度の水準は自由に選択できないので，正確にいえば誤差因子ではなく**標示因子** (indicative factor) と呼ばれるものである．

したがって，

「トンネル窯内の温度変化の影響が小さくなる条件を見つけること」

= 「**制御因子と誤差因子の有効な交互作用を見つけること**」

というのが基本となる．

結果として，田口は制御因子の一つである添加物とトンネル窯内の位置との間に有効な交互作用を見つけることができたのである．

[5] この段階では $A_3 : 5\%$ にすることによって，なぜ誤差因子の効果が無くなるのか，そのメカニズムは解明されていない．ここでは，統計的手法により有効な交互作用を見つけたに過ぎない．すなわち，分散分析を用いて，例えば有意水準 1% で有意性（効果）を実験的研究によって確認しているだけである．

タイル製造実験の事例では，石灰を5%加えることで，トンネル窯内において位置による影響（温度のばらつきによる影響）がなくなっていることがわかる．ただし，「ばらつき低減のための対策①原因そのものの除去」と同様に，石灰を加えることでどの程度コストアップしてしまうのか，シナリオを立て，実験の計画段階でしっかりと検討しておかなければならない．

1953年の伊奈製陶における田口流実験は，制御因子を直交表 L_{27} に割り付け，その外側に誤差因子の原型となる標示因子を**直積配置**することにより，窯内の温度の影響を受けにくいタイル設計を実現させたのである．

【補足】実験計画法－3因子要因実験における交互作用解析－

本章では，宮川 (2000) の pp.67–73 にあるプラスチック部品の破壊強度の実験データを用いて，品質改善のための統計解析を述べる．実験の目的は破壊強度 [kg/cm^2] を高め，原料ロット間のばらつきを低減することである[6]．

本事例では，制御因子として

A：成形圧力　　A_1: 1500，　A_2: 1750，　A_3: 2000 [kg/cm^2]
B：成形温度　　B_1: 220，　B_2: 200 [°C]

の2因子とし，後述のモデリングにおいて，これらの水準を量的因子とみなして解析する．現行条件は，いずれも第1水準である．

誤差因子は，ロットからランダムに5ロットを選び，これらを5水準の誤差因子 N としている．3つの因子の水準組合せは $3 \times 2 \times 5 = 30$ 通りである．ここでは，この30通りの**完全無作為化実験**を行っている[7]．

得られたデータを表1.1に示す．これは2つの制御因子を2元配置で割り付け，誤差因子をその外側に直積で割り付けた3元配置のデータセットである．なお，表1.2のように2つの制御因子を2元配置で割り付け，誤差因子をその外側に直積で割り付けた配置にしておく．

表 1.1　完全無作為化された3因子実験データ

		N_1	N_2	N_3	N_4	N_5
A_1	B_1	30.0	23.5	22.7	29.2	24.8
	B_2	28.1	21.3	24.6	27.3	22.6
A_2	B_1	26.8	27.3	27.5	24.0	27.9
	B_2	24.1	23.5	24.2	27.2	22.6
A_3	B_1	22.6	27.4	20.7	21.2	27.7
	B_2	20.3	29.1	20.1	18.2	29.2

---

6) ロットは，伝統的実験計画法では**変量因子**として扱われるものであるが，ここでは**誤差因子**とみなしている．

7) R.A. Fisher (1890–1962) は，可避原因と想定できる因子（制御因子）を取り上げ，その因子の条件である水準を意図的に設定し，人工的にばらつき（完全無作為化実験により偶然誤差に転化）を生成させ，可避原因の追及や最適条件を探索するためのツールとして，**実験計画法**を創設した．

表 1.2 制御因子と誤差因子の直積配置データ

No.	A 1	B 2	N N_1	N_2	N_3	N_4	N_5
1	1	1	30.0	23.5	22.7	29.2	24.8
2	1	2	28.1	21.3	24.6	27.3	22.6
3	2	1	26.8	27.3	27.5	24.0	27.9
4	2	2	24.1	23.5	24.2	27.2	22.6
5	3	1	22.6	27.4	20.7	21.2	27.7
6	3	2	20.3	29.1	20.1	18.2	29.2

グラフ化と分散分析

実験データ解析の第一歩は，データのグラフ化である．そこで，図1.8のように誤差因子を水準別に実験No.ごとのグラフを描く．

【考察】図1.8を見ると，誤差因子の水準間のばらつきが小さいのはNo.3, 4であり，そのうち平均が高いのはNo.3である．

これより高度な解析手法を用いなくても，望大特性のパラメータ設計による最適条件はNo.3の条件のA_2B_1であると，ある程度検討できる．

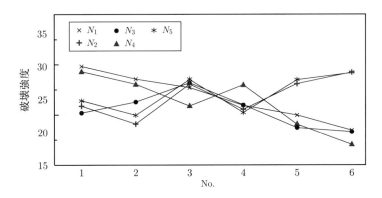

図 1.8 特性（破壊強度）に関する実験データのグラフ化

次に，グラフ化で重要なのは各因子の**交互作用**パターンを作成することである．そこで，まずは分散分析によって交互作用の有無を判定する．その結果を表1.3に示す．

表 1.3　破壊強度に対する分散分析表

要因	平方和	自由度	平均平方	F 値	p 値
A	21.89	2	10.95	2.641	0.132
B	14.56	1	14.56	3.513	0.098
$A \times B$	4.30	2	2.15	0.519	0.614
N	23.30	4	5.83	1.405	0.315
$N \times A$	200.32	8	25.04	6.041	0.010
$N \times B$	3.60	4	0.90	0.217	0.921
e	33.16	8	4.15		
T	301.13	29			

【考察】表 1.3 で制御因子の主効果に対して，どちらも 5% 有意ではない．また制御因子間の交互作用もほとんど効果がない．一方，$N \times A$ は 1% 有意であることわかる．

交互作用を見るグラフは，横軸に一つの因子をとって，もう一つの因子の水準平均をプロットしたものである．因子 A は制御因子で，因子 N は誤差因子なので，図 1.9 のように誤差因子 N を横軸にとるとよい．

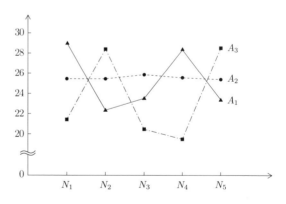

図 1.9　制御因子と誤差因子の交互作用パターン

【考察】図 1.9 を見ると，制御因子と誤差因子の有効な交互作用が確認できる．このとき，制御因子の水準を A_2 にすれば誤差因子 N の影響がほとんどなくなることがわかる．

1.4 非線型の応用と2段階設計法

パラメータ設計では，ばらつきの低減化に対し，次の **2段階設計法** (two step procedure) により制御因子の最適水準組合せを決定することが推奨されている．

> (i) 誤差因子に対する乖離を最小にする制御因子の水準組合せを見出す．
> (ii) 調整因子により平均を目標値に合わせる．

設計者は，制御因子や誤差因子を選択し，さらに動特性の場合には信号因子を決め，**基本機能**として何を選択（**システム選択**）するかを考えなければならない．しかし，これらが決まれば，その後は独創的なことはまったく要求されない．形式的な手順に従って，効率的に誤差因子を外側に割り付けて実験を行い，要因効果図などを作成して制御因子と誤差因子の意味のある交互作用を見つければよい．

制御因子と誤差因子の交互作用を利用したばらつきの低減化をモデルを用いて説明する．制御因子を x，誤差因子を N とし，これらの因子と特性 y の関係が

$$y = f(x, N) \tag{1.5}$$

で与えられているとする．

ここでは，簡単のため，制御因子を2因子2水準とし，誤差因子を1因子2水準としたときのモデル

$$y = \alpha x_2 + (\beta + \gamma x_1)N \tag{1.6}$$

を考える．ただし，α, β, γ は任意の正定数である．

上式は，一つの制御因子の主効果と，もう一つの制御因子と誤差因子の**交互作用**をもつモデルである．ここで N の係数 $\beta + \gamma x_1$ の絶対値を小さくすることができれば，y は N の影響を受けないことになる．なお，x_2 は乖離パートに影響しないので**調整因子**である．

このように，制御因子と誤差因子の交互作用の利用は，制御因子の水準選択のみで誤差因子の変動を抑えて特性のばらつきの低減を行うので，経済的にも効果的な方法であるといえよう．

以下で，設計パラメータ x を制御因子 x_2，調整因子 x_1 の2種類に分け，非線型を応用した「2段階設計法の原理」を考えてみよう．

2段階設計法の原理

いま，ある制御因子 x_1 と特性 y に図1.10 (a) に示すような非線型な関数関係があるとする．y の目標値を y_0 とし，それに対応した x_1 の設定値を x_{10} とする．x_1 が x_{10} を中心にばらつくとすれば，結果として y も目標値 y_0 を中心にばらつく．

そこで，x_1 の設定値を現行の x_{10} から x_{11} にすれば，非線型性より y のばらつき（乖離）は小さくなる．**非線型性**とは，要するに x_1 を変化させることによって y のばらつきも変化することを意味している．

しかし，y の中心は y_1 に移り，目標値 y_0 との間にズレ $\Delta = y_1 - y_0$ が生じる．このとき，図1.10 (b) のように，y と線型関係にある調整因子 x_2 を探索できれば，y のばらつきを保ったままで，ズレである $\Delta = y_1 - y_0$ も相殺し目標値に近づけることが可能となる．

したがって，パラメータ設計の基本原理は，特性やシステムにおける機能の設計パラメータの中で，第1段階で非線型効果をもつ制御因子によりばらつき最小化を行い，第2段階で線型性効果をもち，ばらつきが変化しない因子で目標値に合わせるというものである[8]．

[8] 望目特性を特性とした2段階設計法において，目標とする結果が得られないことがある．その主な理由は直交表に割り付けた因子が乖離パートを減衰する因子と調整用の因子に分離されないからである．調整に使う因子，すなわち，平均パートに大きな要因効果をもつ制御因子は，乖離にも効果をもつことが多く2段階設計法が破綻する．また，調整因子が存在する場合でも，その調整範囲が狭ければ目標値を実現できないこともあるので注意しなければならない．

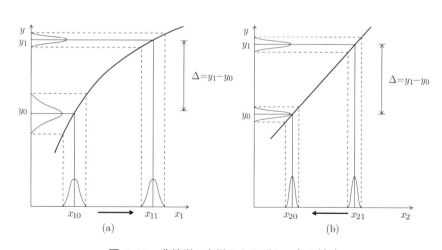

図 **1.10** 非線型の応用によるばらつきの低減

2 望目特性のパラメータ設計

　本章では，望目特性のパラメータ設計を説明する．その目的は，単に出力を目標値に合わせるだけではなく，さまざまな使用環境条件の影響を受けにくい安定性のある設計パラメータを効率的に決めることである．

　望目特性のパラメータ設計の解析ストーリーは以下の通りである．

1. 実験の計画：制御因子を直交表に割り付け，誤差因子をその外側に割り付けた直積配置実験を行う．
2. 統計解析：SN比解析ないしは統計的モデリングを通じて，制御因子と誤差因子の有効な交互作用を見つける．
3. 最適化：2段階設計法により，制御因子の最適水準値を探索する．すなわち (i) ばらつきが最小となる（SN比最大となる）条件を制御因子の水準組合せで決定し，(ii) 調整因子により，平均を目標値に一致するような設計パラメータを求めることが目的となる．

2.1 ホットケーキミックスの設計

本章では，山田 (2007) の p.49 にあるホットケーキミックスの事例を用いて **SN 比解析** (signal-to-noise ratio analysis) および**統計的モデリング**による最適化を試みる．ただし，簡単のためデータセットの一部を省略している．

実験の目的は**望目特性**であるホットケーキの硬さ[9]のばらつきを低減し，目標値 10.0 に調整するため制御因子（設計パラメータ）の最適条件を決定することである．

本事例では，ホットケーキミックスの制御因子として

A：小麦粉　　A_1: 140,　A_2: 150 [g]
B：砂糖　　　B_1: 20,　 B_2: 25 [g]
C：ベーキングパウダー　C_1: 10,　C_2: 12 [g]
D：片栗粉　　D_1: 20,　 D_2: 30 [g]

の 4 因子各 2 水準としている[10]．後述の 2.2 節および 2.3 節では，これらの水準を**量的因子**の水準値（第 1 水準を -1，第 2 水準を 1）とみなして解析する[11]．

このとき，誤差因子 N として焼き温度（1 因子 2 水準）

N_1: 150,　N_2: 200 [℃]

を取り上げている．

ロバストパラメータ設計（タグチメソッド）では，必ず誤差因子を取り上げる．誤差因子とは，**ユーザの利用の場では制御不可能であるが，実験の場ではシミュレート可能である因子**のことである．

ホットケーキの硬さは，材料や混ぜ方に加え，ユーザがどのような温度で焼くのかによっても異なり，メーカーが指定した設定温度に従うわけではない．したがって，どのような温度でも均一に焼けるホットケーキミックス，いいかえると，ユーザの使用環境条件に対して，ロバスト（頑健）な設計（配合）をすることが望ましいということになる．

一方，標準条件（温度）で，なるべく焼き上がりの膨らみ度が大きい（望大特性）条件を探索する方法は Fisher 流実験計画法と呼ばれるものである．すなわち，ロバストパラメータ設計は，伝統的な実験計画法の拡張と位置づけられ，両者の解析方法としての違いはほとんどない．

[9] 焼き上がりのホットケーキが美味しいかどうかの分類は名義尺度である質的データである．これを物理量で測れる結果系・量的データで代用する．ここでは，「美味しさ」の物理的代用特性として量的因子である硬さ（または高さ）とし，ホットケーキの膨らみ度を示す計測対象としている．他に満足度指数なども考えられる．

[10] 焼き上がりのホットケーキの質の評価を行う際，ホットケーキミックスの他に牛乳や卵などの量も関係するが，これらの材料（因子）も取り上げ最適化することも可能である．材料以外にも，焼き加減や混ぜ方なども「膨らみ度（硬さ）」に影響しそうである．余談だが，通常知られている材料とは別に，例えば「マヨネーズを加えてみると膨らみ度が増した」という発見があるかもしれない．これら実験的研究を通じた方法論が実験計画法（パラメータ設計）である．

[11] 通常，タグチメソッドは，因子が量的因子であっても，その量的な情報は使っていない．後述する応答曲面解析などのモデリングでは量的因子であることを活用し，因子と応答の関係を探索していくことが目的となる．

制御因子がいずれも2水準で4因子であるため，これらをL_8直交表[12]の第1列から第4列に割り付け[13]，誤差因子をその外側に**直積配置**の形で割り付ける[14]．これより，制御因子が規定する実験No.で各誤差因子のもとに，合計16個の実験データを採取する[15]．

表2.1に制御因子の割り付けとデータを示す．さらに，誤差因子の水準別の実験データのグラフを図2.2に示す．

S-RPD を用いた解析（データセットの作成）

- メニューにある [アドイン] の [S-RPD] → [テーブル] → [計画の作成] を選択し，直交表の外側に誤差因子を割り付けた外側配置を組み合わせた直積配置のデータセットを図2.1のように作成する．
- 出力の設定：「特性値の名称」を望目特性である「硬さ」とし，仕様上下限を目標値である「10」と入力する．
- 制御因子の計画：「計画表」は，4因子2水準なので，ここでは直交表 $[L_8(2^7)]$ を選択する．「割付」ボックスのチェックを外し，図2.1のように割り付ける．「因子名」は上から順（列の左から順）に A, B, C, D とする．「タイプ」はすべて量的因子で，それらの水準値を「1」，「2」とする．ただし，後述するモデリングを行う上では「–1」，「1」としておいた方が便利である．
- 誤差因子の計画：誤差因子は，1因子2水準なので，「計画表」で [1因子] を選択し，「因子の水準数」を「2」と入力する．ここでは，「因子名」を「焼き温度」としておく．さらに，水準値「1」，「2」をそれぞれ「N_1」，「N_2」としておく．
- データに繰り返しがある場合には，【オプション】をクリックし，「サンプルの繰り返し数」を入力するとよい．
- これらすべて入力した後, [計画の作成] をクリックすると，表2.1と同様の望目特性に対するパラメータ設計で使用する直交配列表が生成されるので，その表にデータを入力するとよい．

---

12) 伝統的な実験計画法では L_8, L_{16}, L_{32}, L_9 などのように，実験回数が2や3の素数べき数の直交表が多く用いられる．一方，パラメータ設計では，L_{12} や L_{18}, L_{36} などの混合系直交表が用いられることが多い．前者の直交表は，割り付けた制御因子について2因子間の交互作用が特定の列に現れるのに対し，後者の混合系直交表は交互作用が他の列に分散して現れるという性質がある．したがって，制御因子間の交互作用を求める「技術的価値」があるかないかによって使い分けをするとよい．

13) 本事例では，第1列 A, 第2列に B を割り付けているため，第3列に制御因子間の交互作用 $A \times B$ が現れる．仮に，これらの交互作用の効果が事前に大きいと判断されるならば，**交絡**を避けるため，第3列は空けておき，Resolusion IV の形で割り付けておくとよい．

14) 制御因子に割り付ける直交表は内側直交表と呼ばれ，その外側に誤差因子を配置することで，制御因子と誤差因子の交互作用がすべて推定可能になる．

15) 実験データは山田 (2007)：「SQC手法，タグチメソッドそしてMTシステム」，『クオリティマネジメント』Vol.58, pp.44–57 をもとに作成したデータである．

図 2.1　データセットの作成

表 2.1　ホットケーキミックス実験のデータ

No.	A 1	B 2	C 3		D 4			7	焼き温度	
						5	6		N_1	N_2
1	1	1	1		1	1	1	1	6.1	12.5
2	1	1	1		2	2	2	2	8.1	14.8
3	1	2	2		1	1	2	2	10.0	16.1
4	1	2	2		2	2	1	1	9.8	20.2
5	2	1	2		1	2	1	2	11.7	13.4
6	2	1	2		2	1	2	1	9.9	16.6
7	2	2	1		1	2	2	1	7.2	9.5
8	2	2	1		2	1	1	2	6.4	10.4

S-RPD を用いた解析（データのグラフ化）

[S-RPD] → [グラフ] → [推移/回帰プロット] を選択することで，図 2.2 のように出力される．図中の平行線は目標値を示し，ここでは No. ごとのデータが誤差因子の水準別に表示されている．

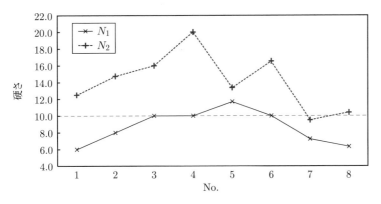

図 2.2　特性（硬さ）に関する実験データのグラフ化

【考察】図 2.2 より，全体的な傾向として，誤差因子 N_2 は N_1 の値よりも大きく N の効果（乖離が存在する）が見られる．乖離の小さな実験 No. は 5 および 7 であり，最適条件は，これに近い条件であると推察される．また誤差因子間の平均が目標値に近い実験 No. もあり，パラメータ設計の目的である「ばらつき低減と目標値への一致」が同時に達せられそうである．

2.2 望目特性に対する SN 比解析

ロバストパラメータ設計における SN 比解析では,誤差因子の乖離を測る尺度として SN 比が用いられる.田口の望目特性の SN 比 [db] は,特性の母平均を μ,母分散を σ^2 とするとき

$$\gamma_T = 10 \log_{10} \left(\frac{\mu^2}{\sigma^2} \right) \tag{2.1}$$

によって定義される.これは,**変動係数** (coefficient of variation) と呼ばれる母数 $\phi = \sigma/\mu$ を2乗し逆数をとったものに常用対数変換して10倍を施したものである.この中で技術的に意味のある量は変動係数 ϕ である[16].

データから (2.1) 式を推定するには次のように行う.制御因子が規定する各処理条件で誤差因子 $N_1, N_2, \ldots, N_n$ に対応するデータを $y_1, y_2, \ldots, y_n$ とする.このとき,γ_T の推定量は誤差因子の水準を単なる繰り返しとみなし

$$\widehat{\gamma}_T = 10 \log_{10} \left(\frac{\widehat{\mu}^2}{\widehat{\sigma}^2} \right) \tag{2.2}$$

で与えられる.ここで,算術平均 $\widehat{\mu}$ および不偏分散 $\widehat{\sigma}^2$ は

$$\widehat{\mu} = \bar{y} = \frac{1}{n} \sum_{i=1}^{n} y_i, \quad \widehat{\sigma}^2 = \frac{1}{n-1} \sum_{i=1}^{n} (y_i - \bar{y})^2 \tag{2.3}$$

である[17].なお,田口の望目特性の感度 [db] は

$$S = 10 \log_{10} \widehat{\mu}^2 \tag{2.4}$$

で定義される[18].このとき,望目特性に対する **2 段階設計法**は,ばらつきの測度である **SN 比**および平均の関数である**感度**を用いて次のように表現できる[19].

> (i) SN 比を最大にする条件を制御因子の水準組合せで見出す.
> (ii) 調整因子により平均を目標値に合わせる.

【実データ解析】L_8 直交表の各行でのデータは,誤差因子が 1 因子 2 水準である.ここでは誤差因子の水準を単なる繰り返しとみなし,2 個のデータから (2.2) 式および (2.4) 式を用いて計算する.その結果を表 2.2 に示す.

---

16) 変動係数は,分散(標準偏差)やレンジと同様に,ばらつきの大きさを表す測度である.また分散は単位をもつ測度であるのに対し,変動係数は無名数の測度であることに注意されたい.

17) タグチメソッドに関する書籍の中には,分子 μ^2 の不偏推定値を統計量として用いられているが,本質的ではないので,本書では単純に算術平均を 2 乗したもので代用している.詳しくは河村 (2011) の第 3 章を参照されたい.

18) 本質的な量は,平均そのものであり,目標値に一致させるのに使用する.

19) パラメータ設計における 2 段階設計法の理論的な妥当性は本節の最後で解説する.

表 2.2 田口のSN比と感度 [db]

	A	B		C		D		$\widehat{\gamma}_T$	S
No.	1	2	3	4	5	6	7		
1	1	1	1	1	1	1	1	6.26	19.37
2	1	1	1	2	2	2	2	7.66	21.18
3	1	2	2	1	1	2	2	9.62	22.31
4	1	2	2	2	2	1	1	6.19	23.52
5	2	1	2	1	2	1	2	20.37	21.97
6	2	1	2	2	1	2	1	8.93	22.44
7	2	2	1	1	2	2	1	14.21	18.43
8	2	2	1	2	1	1	2	9.45	18.49

―― S-RPD を用いた解析(SN比と感度の計算)――

メニューにある [アドイン] の [S-RPD] → [SN比解析] → [SN比/感度の計算] をクリックする.ここでは"望目特性"を選択し,[OK] ボタンを押すと,表 2.2 と同様の出力結果が得られる.

田口の SN 比 $\widehat{\gamma}_T$ に対して,L_8 直交表に割り付けられた各制御因子について,**分散分析**した結果が表 2.3 である[20]).

表 2.3 田口のSN比に対する分散分析表

要因	平方和	自由度	平均平方	F値	p値
A	67.5287	1	67.5287	4.806	0.1160
B	1.7644	1	1.7644	0.126	0.7465
C	7.0862	1	7.0862	0.504	0.5288
D	41.4585	1	41.4585	2.951	0.1843
e	42.1500	3	14.0500		
T	159.9879	7			

【考察】 表 2.3 の分散分析表を見ると,統計的に有意な因子は存在しない.

20) パラメータ設計の場合,誤差を意図的に生成しているので,統計的推論はなじまないといわれる.しかし,データを要約するという記述統計的な観点からは意味がある.SN 比や平均などを解析特性とした分散分析,要因効果図による条件探索については伝統的な方法との違いはない.ただし,パラメータ設計における誤差分散は非常に小さく(そうなるように誤差因子を設定している)なるようにしているため,分散分析では有意な効果が現れやすい.そこで,要因効果図の他に因子の効果を視覚的に把握するツールとして知られる半正規プロットを併用するとよい.

一方,SN 比に対する各制御因子の**水準平均**を図示したものが図 2.3 の**要因効果図**である.これより,誤差因子である焼き温度の変動による硬さのばらつきの低減のためには因子 A, D を $A_2 D_1$ に設定すればよいことがわかる.

ここで,各制御因子の主効果のみから SN 比が最大になる条件を推定すると

$$\text{SN 比最大条件}: A_2 B_1 C_2 D_1$$

である.この条件に偶然にも一致するのが No.5 である.生データを見ると誤差因子による乖離は他の条件に比べて小さい.また平均値は目標値よりもやや高いため,調整因子によって一致させるとよい.

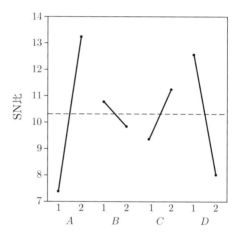

図 **2.3** 田口の SN 比に対する要因効果図

次に田口の感度 S を解析特性として,SN 比と同様に制御因子について分散分析をした結果を表 2.4 に示す.対応する要因効果図は図 2.4 である.

表 **2.4** 田口の感度に対する分散分析表

要因	平方和	自由度	平均平方	F 値	p 値
A	3.1794	1	3.1794	10.484	0.0479
B	0.6103	1	0.6103	2.012	0.2511
C	20.4357	1	20.4357	67.385	0.0038
D	1.5659	1	1.5659	5.163	0.1077
e	0.9098	3	0.3033		
T	26.7010	7			

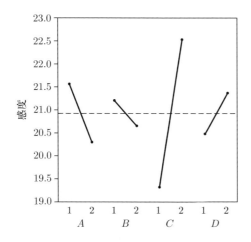

図 2.4　田口の感度に対する要因効果図

【考察】表 2.4 や図 2.4 を見ると，因子 C が大きな効果をもっている．このとき，各制御因子の主効果のみから感度が最大になる条件は

$$感度最大条件：A_1 B_1 C_2 D_2$$

で与えられる．

─ S-RPD を用いた解析（分散分析表と要因効果図）─────────

- メニューにある [アドイン] の [S-RPD] → [SN 比解析] → [要因効果図/分散分析] をクリックすると，それぞれ要因効果図と分散分析表の出力結果が図 2.5 のように表示される．このとき，要因効果図には割り付けていない因子も表示されていることに注意されたい．
- 図 2.5 の分散分析表の左にあるグラフは，それぞれ因子（要因）の寄与率に対するグラフであり，どの程度因子に効果があるのか視覚的に判断できるようになっている．

【考察】これらの結果をまとめると次のようになる．田口の望目特性の SN 比を用いた場合，因子 C は SN 比に対してほとんど効果がなく感度に大きな効果があるので調整因子の候補である．

これより，第 1 段階で SN 比の効果が大きい因子 A および D と，感度に影響していない因子 B を用いて SN 比を最大化する．これらは分散分析表を見ると 5% 有意ではないが，その最適水準を $A_2 B_1 D_2$ と設定する．

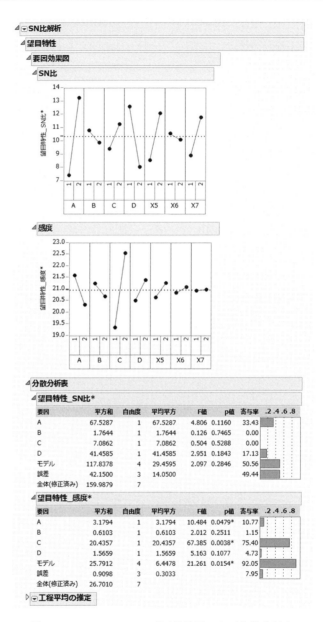

図 2.5 S-RPD による要因効果図および分散分析表

次に，これらの水準を固定して調整因子である因子 C を用いて目標値に一致させる．なお，目標値に一致させるためには，量的因子[21]）である因子 C について，水準幅を狭くした実験を行い，平均が目標値 10.0（つまり，感度が $10\log_{10}(10)^2 = 20$）に近づくような最適水準を探索するとよい．

ここでは，SN 比解析による最適解として

$$\text{SN 比最大化条件：} A_2B_1C_2D_1$$

を選択する．

[21] 量的因子を積極的に用いるのであれば，2.3 節の SN 比モデリングを行うことで詳細な解析が可能となる．

S-RPD を用いた解析（SN 比解析による 2 段階設計法）

- 図 2.5 の一番下にある【工程平均の推定】をクリックすると，図 2.6 が表示される．これにより，2 段階設計法に基づく最適条件の工程平均の推定値を求めることができる．
- 第 1 段階で，望目特性の SN 比を [最大化] し，[最適化] ボタンを押す．既に述べたように，第 2 段階で因子 A, B および D を固定して感度を調整するため，これらの因子をロック（固定）する．
- 第 2 段階で，因子 A, B および D をロック（固定）した状態で，感度に効果がある因子 C を用いて目標値 10 に一致させるとよい．図 2.6 は SN 比最大条件 $A_2B_1C_2D_1$ を出力結果として表示している．

図 **2.6** SN 比解析による 2 段階設計法

【2段階設計法の最適性】[22) 特性 Y を正値確率変数とし，誤差因子 N を意図的に変動させたときの平均（期待値）と分散が

$$\mathrm{E}_N[Y] = \mu(x_1, x_2) \tag{2.5}$$

$$\mathrm{Var}_N[Y] = \phi^2(x_1)\mu^2(x_1, x_2) \tag{2.6}$$

で表されているとする[23]．これは平均の 2 乗と分散が比例関係

$$\mathrm{Var}_N[Y] \propto (\mathrm{E}_N[Y])^2$$

となることを意味する[24]．

ここで，母数 $\mu(x_1, x_2)$ は**位置母数** (location parameter) ではなく，正値の**尺度母数** (scale parameter) であることに注意すれば，上記の**モーメント条件**は，それぞれ

$$\mathrm{E}_N\left[\frac{Y}{\mu(x_1, x_2)}\right] = 1 \tag{2.7}$$

$$\mathrm{E}_N\left[\left(\frac{Y}{\mu(x_1, x_2)} - 1\right)^2\right] = \phi^2(x_1) \tag{2.8}$$

となる．

ところで，第 1 章で述べたように，これらの定式化では，制御因子（設計パラメータ）x を x_1, x_2 の 2 つに分類していることに注意する．ただし，(2.8) 式の**散らばり母数** (dispersion parameter) ϕ^2 は x_1 だけに依存している．x_1 は平均に対して非線型性をもっているパラメータ，x_2 は線型性をもっているパラメータと考える．パラメータ設計では，x_1 を制御因子，x_2 を制御因子の中でも特に**調整因子**と呼んでいる．

目標値 T とするとき，誤差因子 N の変動があるときの**平均 2 乗損失**は，

$$R(x_1, x_2) = \mathrm{E}_N[(Y - T)^2] \tag{2.9}$$

と定義される[25]．このとき，平均 2 乗損失 $R(x_1, x_2)$ の最小化は，次の 2 段階設計法で達成される．

第 1 段階　与えられた x_2 に対して $R(x_1, x_2)$ を最小化する x_1^* を求める．
第 2 段階　$R(x_1^*, x_2)$ を最小化する x_2^* を求める．

[22) ここでは，パフォーマンス測度として SN 比を用いることの意味，平均 2 乗損失最小化との整合性などやや理論的な内容が含まれているので，興味のない読者は読み飛ばして頂きたい．

23) 誤差因子 N の分布は設計者が意図的に設計するものであり，存在する誤差を観測してその分布を推定するものではない．

24) これは変動係数 ϕ が一定という仮定である．一般に，$\lambda > 0$ とするとき，$\mathrm{Var}_N[Y] \propto (\mathrm{E}_N[Y])^\lambda$ を考えることも可能である．これにより導出される SN 比は**一般化 SN 比** (generalized SN ratio) と呼ばれる．田口の SN 比はその特別な場合 $\lambda = 2$ として定義されるものである．

25) 期待値の [] の中 $L(Y) \equiv (Y-T)^2$ は 2 乗損失関数と呼ばれる．損失関数とは $L(Y) \geq 0$，$L(T) = 0$，$L'(T) = 0$ の 3 つの条件を満たす関数として定義される．これに期待値を施したものが平均損失である．平均損失はリスク関数 (risk function) と呼ぶこともある．

これらを定式化すると次のようになる.

$$R(x_1, x_2) \geq \min_{x_1} R(x_1, x_2) = R(x_1^*, x_2)$$
$$\geq \min_{x_2} R(x_1^*, x_2) = R(x_1^*, x_2^*)$$

いま,(2.7) 式および (2.8) 式のもとで,(2.9) 式で与えられる平均 2 乗損失は,

$$R(x_1, x_2) = \mathrm{E}_N\left[(Y-T)^2\right]$$
$$= \phi^2(x_1)\mu^2(x_1, x_2) + (\mu(x_1, x_2) - T)^2 \quad (2.10)$$

となる.ここで,与えられた x_2 に対して $R(x_1, x_2)$ を最小化する x_1 を x_1^* とすれば (2.10) 式は,

$$R(x_1^*, x_2) = \phi^2(x_1^*)\mu^2(x_1^*, x_2) + (\mu(x_1^*, x_2) - T)^2 \quad (2.11)$$

となる.

次に,$R(x_1^*, x_2)$ を x_2 に関して偏微分を行うと

$$\frac{\partial R(x_1^*, x_2)}{\partial x_2} = \frac{2\partial \mu(x_1^*, x_2)}{\partial x_2}\{\mu(x_1^*, x_2)(1 + \phi^2(x_1^*)) - T\}$$

となる.$\partial R(x_1^*, x_2)/\partial x_2 = 0$ を解けば,

$$\mu(x_1^*, x_2^*) = \frac{T}{1 + \phi^2(x_1^*)} \quad (2.12)$$

が得られる.これを (2.11) 式に代入すれば,

$$R(x_1^*, x_2^*) = \frac{T^2 \phi^2(x_1^*)}{1 + \phi^2(x_1^*)} \quad (2.13)$$

が求められる.ここで,(2.13) 式は x_2 に依存していないので,これを x_1 の関数とみなし $\mathrm{PM}(x_1)$ とする[26].

一方,**望目特性の SN 比**は,

$$\eta_T = \frac{(\mathrm{E}_N[Y])^2}{\mathrm{Var}_N[Y]} = \frac{\mu^2(x_1, x_2)}{\phi^2(x_1)\mu^2(x_1, x_2)}$$
$$= \frac{1}{\phi^2(x_1)} \quad (2.14)$$

で与えられる.したがって,$\mathrm{PM}(x_1)$ は望目特性の SN 比 η_T の単調減少関数となり η_T の最大化と $\mathrm{PM}(x_1)$ の最小化は等価となる. ∎

[26] Leónら (1987) は,この $\mathrm{PM}(x_1)$ を **PerMIA** (Performance Measure Independent of Adjustment) と呼んでいる.理論展開に興味がある方は,原著論文を参照されたい.

以上により，平均 2 乗損失の最小化のための 2 段階設計法は次の手続きと等価になる．

> 第 1 段階　SN 比を最大にする x_1^* を求める．
> 第 2 段階　$\mu(x_1^*, x_2^*) = T/(1 + \phi^2(x_1^*))$ を満たす x_2^* を求める．

第 1 段階で望目特性の SN 比 η_T を最大化する．この最大化はすべての制御因子を用いて行う．第 2 段階では取り上げた制御因子の中で SN 比にほとんど影響せず，特性の母平均 μ に対して強い効果をもつ因子によって μ を目標値 T に近づける．なお，この場合には平均 μ は目標値 T よりも小さく設定しなければならないことに注意する．この $1/(1 + \phi^2(x_1^*))$ は**縮小係数**と呼ばれる．

このような制御因子 x_1^*, x_2^* が存在すれば，平均 2 乗損失は

$$\phi^2(x_1^*)(1 + \phi^2(x_1^*))\mu^2(x_1^*, x_2^*)$$

となる．ただし，最適解 x_1^*, x_2^* は常に存在するというわけではなく，存在したとしても必ずしもその一意性が成立するわけでもない．そこでパラメータ設計では解が存在する可能性を高めるために，制御因子の数を多くして非線型かつ複雑なシステムを利用すべきという考え方をとるのである．

このように，パラメータ設計では，特性あるいはシステムの機能の評価測度である SN 比と感度との**同時要因解析** (dual response approach) を行い，2 段階設計法でその設計パラメータの最適化を行っていく．第 1 章で例に取り上げたタイル実験のように，機能性を誤差因子の変動に関してロバストネスにするという考え方は，今日のパラメータ設計の中核をなしている．

2.3 望目特性に対する L&D モデリング

特性 Y の母平均 μ が制御因子 $x = (x_1, x_2, \ldots, x_p)$ の関数 $\mu(x)$ で与えられているとする.データの構造には誤差項 ε のある**応答曲面モデル**[27)]

$$Y = \mu(x) + \varepsilon, \quad \varepsilon \sim N(0, \sigma^2) \tag{2.15}$$

を想定する.ここで,$x = (x_1, x_2, \ldots, x_p)$ に関して **1 次モデル** (first order model)

$$\mu(x) = a_0 + \sum_{i=1}^{p} a_i x_i \tag{2.16}$$

を仮定し解析を行う.ここで,$a_i x_i$ は因子 x_i の **1 次効果**(主効果)を表す.

なお,形式的に制御因子間の交互作用を考慮する場合には (2.16) 式に $\sum a_{ij} x_i x_j$ を追加するとよい.さらに,制御因子が 3 水準系の場合には,**2 次モデル** (second order model) なども想定できる[28)].

$$\mu(x) = a_0 + \sum_{i=1}^{p} a_i x_i + \sum_{1 \le i < j \le p} a_{ij} x_i x_j + \sum_{i=1}^{p} a_i x_i^2 \tag{2.17}$$

L&D モデリング (Location and Dispersion Modeling) では平均と不偏分散を用いて推定した応答と因子の関係をもとに同時最適化を行う.すなわち直積配置のデータに対して誤差因子 N を単なる繰り返しとみなし,**平均** $\hat{\mu}(x)$ および**対数変換後の分散** $\log \hat{\sigma}^2(x)$ を計算する.これらをあらためて解析特性とみなし,**応答曲面法**によって**同時要因解析**を行う.

このとき,2 段階設計法による最適化は対数変換後の分散および平均を用いて次のように行い,これらを満たす制御因子の最適水準を探索する.

> (i) 対数変換後の分散が最小になる条件を制御因子の水準組合せで見出す.
> (ii) 調整因子により平均を目標値に合わせる.

本節では,望目特性に対する L&D モデリングによる最適化を行う.まず,表 2.1 で与えられるホットケーキミックス実験のデータの No. ごとに平均 $\hat{\mu}$ および対数変換後の分散 $\log \hat{\sigma}^2$ を計算する.その結果を表 2.5 に示す[29)].なお,制御因子の水準値は 1, 2 ではなく $-1, 1$ としている.

Attribution: DavidMCEddy at en.wikipedia

[27)] 応答曲面法は,実験計画に従ってデータを採取し,応答と因子の関係を量的なモデルで表現し,その関係を探索する方法として知られ,統計学者である G.E.P. Box (1919–2013) らによって数多くの研究がなされた.

[28)] SN 比解析では,実験点のみから最適条件を決定する.そのとき,分散分析などにより効果を有意性により判定する.ただし,分散分析では,どのように有意かはわからない.そこで,因子が量的な場合には,統計モデリングを通じて詳細な解析を行うとよい.なお,制御因子の関数関係としては,局所的な領域に関心があるので,1 次式ないしは 2 次式を想定できるものとして解析を行う.

[29)] 乖離の測度として,分散ではなく SN 比を用いたモデリングは後述の補足で述べる.

表 2.5 平均と対数変換後の分散

	A	B	C	D				$\widehat{\mu}$	$\log \widehat{\sigma}^2$
No.	1	2	3	4	5	6	7		
1	−1	−1	−1	−1	−1	−1	−1	9.300	3.019
2	−1	−1	−1	1	1	1	1	11.450	3.111
3	−1	1	1	−1	−1	1	1	13.050	2.923
4	−1	1	1	1	1	−1	−1	15.000	3.990
5	1	−1	1	−1	1	−1	1	12.550	0.368
6	1	−1	1	1	−1	1	−1	13.250	3.111
7	1	1	−1	−1	1	1	−1	8.350	0.973
8	1	1	−1	1	−1	−1	1	8.400	2.079

―― S-RPD を用いた解析（$\widehat{\mu}$ および $\log \widehat{\sigma}^2$ の計算結果）――

- メニューにある [アドイン] の [S-RPD] → [分析] → [モデリング/分散分析] → [L&D モデル] を選択する．乖離の測度として"対数変換された分散"にチェックを入れ，[OK] ボタンをクリックすると，図 2.7 のような出力結果が得られる．
- 図 2.7 の上段の「変数選択のまとめ」で解析特性ごとの寄与率，自由度調整済み寄与率のグラフが表示され，その下に分散分析における因子の効果の大きさが p 値により分類・視覚化されている．
- 表 2.5 で与えられている $\widehat{\mu}$ および $\log \widehat{\sigma}^2$ の計算結果は，【予測式の確認】→【応答値】の左にある三角ボタン ▽ を押すことで得られる．

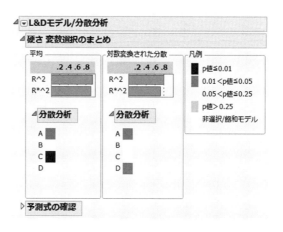

図 2.7　寄与率および効果の視覚化

【実データ解析】 まず，図 2.8 に示す**半正規プロット** (half-nomal plots) により，平均 $\hat{\mu}$ および対数変換後の分散 $\log\hat{\sigma}^2$ に影響する因子を選択する[30]．

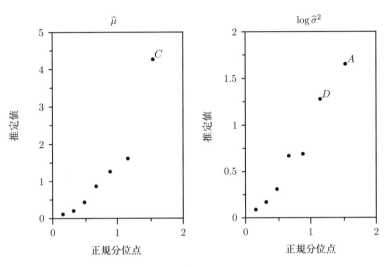

図 2.8 $\hat{\mu}$ および $\log\hat{\sigma}^2$ に関する半正規プロット

30) 図 2.8 の $\hat{\mu}$ における半正規プロットの見方は次のとおりである．ゼロに近い 6 つの効果を直線で結び，その直線上から外れた因子 C を効果の大きい因子であると判定する．一方，$\log\hat{\sigma}^2$ では $\hat{\mu}$ に比べると直線上から大きく外れた因子は存在しないように見える．そのような場合には最も大きな効果（右端）から適当に数個選ぶとよい．ここでは因子 A, D を選択している．効果の判定に関しては，絶対的な基準があるわけではなく，あくまで視覚的なものであることに注意されたい．

┌─ S-RPD を用いた解析（半正規プロット）─────

- メニューにある [アドイン] の [S-RPD] → [分析] → [モデリング/分散分析] → [L&D モデル] をクリックし，"対数変換された分散"にチェックを入れて [OK] ボタンを押す．
- 次に，【予測式の確認】→【平均】の左にある三角ボタン▽ をクリックすることで図 2.8 と同様の半正規プロットが表示される．同様に【対数変換された分散】に対しても行うとよい．
- 出力図の半正規プロットの点をクリックすると選択した因子が表示される．

これより，L&D モデリングによる母数の推定式（予測モデル）はそれぞれ次式のように得られる[31]．

$$\tilde{\mu} = 11.4188 + 2.0438 x_C \tag{2.18}$$

$$\log\tilde{\sigma}^2 = 2.4470 - 0.8141 x_A + 0.6260 x_D \tag{2.19}$$

31) 制御因子が 2 水準の場合には，応答に対する線型効果だけをモデルに含めることができ，2 次効果は含めることはできない．また直交表を用いているため，制御因子はすべて直交し，**多重共線性**などは存在しない．

> **S-RPD を用いた解析（変数選択後の分散分析および推定式）**
>
> - メニューにある [アドイン] の [S-RPD] → [分析] → [モデリング/分散分析] → [L&D モデル] をクリックする．
> - 次に，乖離の測度として"対数変換された分散"を選択し，[OK] ボタンをクリックすれば，$\hat{\mu}$ と $\log \hat{\sigma}^2$ の変数選択の結果が視覚化される．同様に SN 比モデリングの場合には，"望目特性の SN 比"をチェックするとよい．
> - デフォルトでは，自由度調整済み寄与率 R^{*2}（追加・除去の規準を 0.01）によって形式的に変数選択を行っている．また寄与率規準や情報量規準（AIC や BIC）ではなく，半正規プロットによる変数選択に基づいて手動で効果を選択する場合には，【予測式の確認】→【変数選択】→【平均】を選択し，"変数選択"の左端のボックスにチェックをするとよい．
> - 平均 $\hat{\mu}$ に関しては，デフォルトでは因子 A, C, D が選択されている．ここでは，半正規プロットにより，因子 C のみを選択している．
> - 対数変換した分散 $\log \hat{\sigma}^2$ に関しては，半正規プロットにより因子 A, D を選択している．これにより，それぞれ選択後の分散分析およびパラメータの推定値（推定式）が表示される．(2.18) 式および (2.19) 式は【パラメータの推定値】を押すことで各推定値が表示され，この表に基づいて定式化している．
> - 「あてはまりの要約」には変数選択後の寄与率 R^2，自由度調整済み寄与率 R^{*2} および情報量規準である AIC, BIC なども出力されている．
> - SN 比解析と同様に，要因（因子）の分散分析表もあわせて出力されている．
> - 最後に，後の最適化計算をするために必要になるため，【L&D モデル/分散分析】→ [予測変数の保存] をクリックし保存しておく．

次に，これらのモデル式に基づき，2 段階設計法による最適化を行う．ここでは，対数変換後の分散に効果がある因子を用いてばらつきを低減させ，さらに平均に対するそれにより目標値に一致させることが目的となる．

シナリオ 1 （L&D モデリングによる 2 段階設計法）

前述の 2 段階設計法において，第 1 段階で因子 A, D を用いてばらつき（対数変換後の分散 $\log \tilde{\sigma}^2$）を低減し，第 2 段階では因子 C を用いて目標値に一致させる．まず，(2.19) 式で，ばらつきを最小にするために因子 A を第 2 水準 ($x_A^* = 1$)，因子 D を第 1 水準 ($x_D^* = -1$) とする．これらの因子を固定し，目標値 10.0 に一致させるために，(2.18) 式を用いて，量的因子である因子 C の水準を決定すると $x_C^* = -0.6941$ を得る．このとき平均および分散の推定値はそれぞれ $\tilde{\mu} = 10.00, \tilde{\sigma}^2 = 2.7368$ となる．■

─ S-RPD を用いた解析（L&D モデリングによる 2 段階設計法）─

- メニューにある [アドイン] の [S-RPD] → [分析] → [最適化] をクリックする．第 1 段階で因子 A, D を用いてばらつきを低減するため，"平均" の目標を [なし] および "分散" の目標を [最小化] し，[最適化] ボタンをクリックする．ただし，最適化の際，対数変換後の分散に指数変換（逆変換）を施していることに注意されたい．
- 次に，【制御因子の水準値】の因子 A, D のロックにチェックし，"平均" の目標を [目標値に合わせる] および「10」を入力して [最適化] ボタンを押すと図 2.9 が得られる．このとき，平均および分散の推定値（信頼上下限）の計算結果もそれぞれ表示されている．

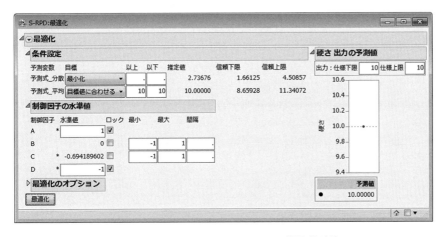

図 2.9　L&D モデリングによる 2 段階設計法

【補足】SN 比モデリング

L&D モデリングにおけるばらつき (dispersion) の測度として，田口の SN 比 $\widehat{\gamma}_T$ を用いた場合（**SN 比モデル**）の解析を行う．そこで直積配置のデータに対して誤差因子 N を単なる繰り返しとみなし，$\widehat{\mu}$ と $\widehat{\gamma}_T$ を用いた計算結果を表 2.6 に示す．

表 2.6 平均と田口の SN 比

	A	B		C		D		$\widehat{\mu}$	$\widehat{\gamma}_T$
No.	1	2	3	4	5	6	7		
1	−1	−1	−1	−1	−1	−1	−1	9.300	6.256
2	−1	−1	−1	1	1	1	1	11.450	7.665
3	−1	1	1	−1	−1	1	1	13.050	9.616
4	−1	1	1	1	1	−1	−1	15.000	6.191
5	1	−1	1	−1	1	−1	1	12.550	20.374
6	1	−1	1	1	−1	1	−1	13.250	8.933
7	1	1	−1	−1	1	1	−1	8.350	14.209
8	1	1	−1	1	−1	−1	1	8.400	9.455

次に半正規プロットにより平均 $\widehat{\mu}$ および SN 比 $\widehat{\gamma}_T$ に効果のある因子を選択する．図 2.10 の右図を見ると，SN 比に対して効果の大きな因子は A, D である．これは前述の対数変換された分散 $\log \widehat{\sigma}^2$ を用いた場合と同じ結果である．

これより，母数の推定式（予測モデル）はそれぞれ

$$\widetilde{\mu} = 11.4188 + 2.0438 x_C \tag{2.20}$$

$$\widetilde{\gamma}_T = 10.3375 + 2.9054 x_A - 2.2765 x_D \tag{2.21}$$

で与えられる．前述の 2 段階設計法において，第 1 段階で因子 A, D を用いて SN 比 $\widehat{\gamma}_T$ を最大化し，第 2 段階では因子 C を用いて目標値に一致させるとよい．

(2.21) 式より因子 A を第 2 水準 ($x_A^* = 1$)，因子 D を第 1 水準 ($x_D^* = -1$) とすることで SN 比が最大になることがわかる．次に，これらの因子の水準を固定し，調整因子である因子 C を $x_C^* = -0.6941$ にすることで，目標値 10.0 に一致させることができる．　□

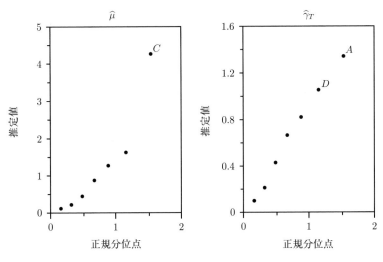

図 2.10　$\hat{\mu}$ および $\hat{\gamma}_T$ に関する半正規プロット

これらの解析から明らかなように，SN比解析とL&Dモデリングにおいて乖離の測度をSN比とした場合の結果と一致する．最後に，SN比モデリングにおける最適化の出力結果を図2.11に示す．

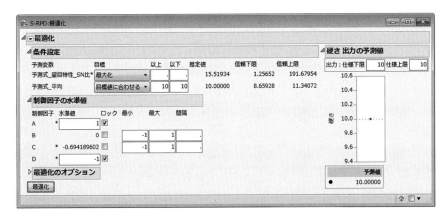

図 2.11　SN比モデリングによる2段階設計法

2.4 望目特性に対する応答モデリング

特性 Y の母平均 μ が制御因子 $x = (x_1, x_2, \ldots, x_p)$ と誤差因子 N の関数 $\mu(x, N)$ で与えられているとする[32]．データの構造には，誤差項 ε のある**応答モデル** (responce model)

$$Y = \mu(x, N) + \varepsilon \tag{2.22}$$

を想定する．ここで，誤差 ε に対して $\mathrm{E}[\varepsilon|N] = 0$, $\mathrm{Var}[\varepsilon|N] = \sigma_e^2(x, N)$ をもつ**正規分布**を仮定する．このとき，特性 Y の平均と分散は次式で与えられる．

$$\mathrm{E}[Y|N] = \mu(x, N), \quad \mathrm{Var}[Y|N] = \sigma_e^2(x, N)$$

母数 $\mu(x, N)$ を平均パート $L(x)$ と乖離パート $D(x)$ の和として表現する．このとき，誤差因子 N を**ダミー変数** $z(= \pm 1)$ で表すと[33]，母数 $\mu(x, N)$ は

$$\mu(x, N) = L(x) + D(x)z \tag{2.23}$$

となる．ただし，平均パート $L(x)$ は **1 次モデル** (first order model)

$$L(x) = a_0 + \sum_{i=1}^{p} a_i x_i \tag{2.24}$$

とする．ここで，$a_i x_i$ は因子 x_i の **1 次効果**（主効果）を表す．同様に，乖離パート $D(x)$ についても，**主効果のみの 1 次モデル**を仮定する[34]．

次に，(2.23) 式のもとで制御因子と誤差因子の関数である y_i を解析データとみなし，最小 2 乗法を用いて推定式を表すと

$$\widehat{y} \equiv \widehat{\mu}(x, N) = \widehat{L}(x) + \widehat{D}(x)z \tag{2.25}$$

となる．このとき特定されたモデルから平均および乖離パートに効果のある因子が**変数選択** (variable selection) により選択される．ここで，乖離に影響せず平均のみに効く制御因子は**調整因子** (adjustment factor) と呼ばれている．

応答モデリングによる 2 段階設計法は，$L(x)$ および $D(x)$ を用いて次のように表現でき，これらを満たす最適な制御因子 x^* を決めることが目的となる．

> (i) 乖離パート $|D(x)|$ を最小にする条件を制御因子の水準組合せで見出す．
> (ii) 調整因子により平均パート $L(x)$ を目標値に合わせる．

---

[32] 本節では，制御因子と誤差因子の交互作用を含んだモデルで応答を直接モデリングすることにより，ばらつきを低減するアプローチを述べる．

[33] ダミー変数 z は，誤差因子 N が第 1 水準 N_1 のとき $z = 1$，第 2 水準 N_2 のとき $z = -1$ としている．

[34] 2.3 節の L&D モデリングと同様に，制御因子間の交互作用なども想定可能である．ただし，これらを考慮すれば，割り付けられる制御因子の数が減る．一方，第 1 章でも述べたように，制御因子の数を増やし，なるべくロバスト性（非線型性）に効果のある因子を見つけたい．パラメータ設計では，源流・上流段階での最適化を推奨している．その段階では制御因子間の交互作用を求めたとしても下流で再現性は期待できないことも多い．そのため交互作用を犠牲にし，なるべく多くの主効果を割り付ける．これも一つの指針である．

【実データ解析】 まず，図 2.12 のように $\widehat{y}$ の半正規プロットを作成し，平均および乖離に影響する因子を視覚的に特定する．図 2.12 を見ると，平均 $\widehat{\mu}$ に対して効果の大きな因子は C であり，A と D は誤差因子に対して，大きな効果をもっていることがわかる．

半正規プロットによる変数選択では，効果のある因子が視覚的に選択できるものの定量的ではない．ただし，ここでは**ケチの原理**[35)] に基づきシンプルなモデルを選択している．本章では寄与率規準によって変数選択を行っているが，他にも p 値，F 値[36)] や情報量規準なども知られている．

35) 回帰分析では，必ずしも有効な因子（変数）でなくても，その数が増えるほど寄与率は大きくなるが，それだけモデルが複雑なものとなる．そこで，寄与率を下げずに，なるべく少ない変数でシンプルなモデルで記述したいというのがケチの原理である．

36) 通常，F 値が 2 より大きいかどうかを規準にすることが多い．

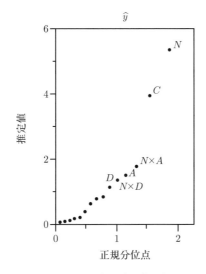

図 **2.12** $\widehat{y}$ に関する半正規プロット

一方，**自由度調整済み寄与率**による変数選択後の推定式（予測モデル）は

$$\widehat{y} = 11.4188 - 0.7813 x_A + 2.0438 x_C + 0.6063 x_D \\ + (-2.7688 + 0.9313 x_A - 0.7063 x_D) z \tag{2.26}$$

で与えられる．ただし，**変数増減法**における追加と除去の規準を 1.0% としている[37)]．

表 2.7 にそれぞれ変数選択後の**分散分析表**を示しておく．表 2.7 の分散分析を見ると，$\widehat{y}$ に関するモデルの**寄与率** R^2 は 90% を超えており，モデル適合としては十分であるといえる．

37) これは，自由度調整済み寄与率が 1.0% 増加するなら因子を追加し，除去しても寄与率の減少が 1.0% 以下ならば削除することを意味する．

表 2.7 変数選択後の $\hat{y}$ に対する分散分析表

要因	平方和	自由度	平均平方	F 値	p 値	R^2
A	9.7656	1	9.7656	9.315	0.0137	3.69
C	66.8306	1	66.8306	63.745	<.0001	27.82
D	5.8806	1	5.8806	5.609	0.0420	2.04
N	122.6556	1	122.6556	116.993	<.0001	51.44
$N \times A$	13.8756	1	13.8756	13.235	0.0054	5.43
$N \times D$	7.9806	1	7.9806	7.612	0.0221	2.93
モデル	226.9888	6	37.8315	36.085	<.0001	93.35
e	9.4356	9	1.0484			6.65
T	236.4244	15				

S-RPD を用いた解析（推定式および分散分析）

- メニューにある [アドイン] の [S-RPD] → [分析] → [モデリング/分散分析] → [応答（関数）モデル] をクリックすると，図 2.13 のように寄与率 R^2 および自由度調整済み寄与率 R^{*2} のグラフが表示される．その下に制御因子と誤差因子に効果のある因子が p 値によって分類され，視覚化されている．これを見ると，どの制御因子に効果があるのか，どれが調整因子となっているのかなどを視覚的に把握できる．ここで，効果の小さい因子 A, D を選択しているのは，高次の交互作用 $N \times A$, $N \times D$ が選択されているからである．

- デフォルトでは，自由度調整済み寄与率 R^{*2}（追加・除去の規準を 0.01）としているので，変更する場合には【予測式の確認】→【変数選択】の [R^{*2}] を選択して規準を設定するとよい．本事例では規準量を 0.01 としている．

- 半正規プロットを見ながら，手動で変数選択をする場合には，[硬さ] をクリックし「変数選択」における要因（因子）のボックスにチェック入れるとよい．これより，表 2.7 と同様の分散分析が表示される．

- 【パラメータ推定値】→【硬さ】の左にある三角ボタン ▽ をクリックすると各推定値が出力され，(2.26) 式はこれらをもとに定式化したものである．

- 最後に，最適化計算をするために【応答（関数）モデリング/分散分析】→ [予測変数の保存] をクリックして保存しておく．

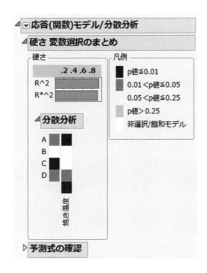

図 2.13　応答モデリングによる寄与率および効果の視覚化

さて，(2.26) 式で与えられた推定式をもとに，ここでは以下の 2 つのシナリオを立てて最適設計を行う．ここで，変数選択で選択されなかった（効果の小さい）因子 B については特に水準設定の必要はない[38]．

シナリオ 2 （応答モデリングによる 2 段階設計法）

(2.26) 式を用いて最適設計を行う．2 段階設計法の第 1 段階で，因子 A および D を用いてばらつきを最小化する．ここで，因子 A を第 2 水準 ($x_A^* = 1$) および因子 D を第 1 水準 ($x_D^* = -1$) とすれば，(2.26) 式の乖離パートの絶対値 $|\widehat{D}(x)|$ が 1.13125 となり最小となる．

次に，これらの水準を固定し，因子 C によって平均パート $\widehat{L}(x)$ が目標値 10.0 に一致するような最適水準を決定すると $x_C^* = -0.01529$ を得る．したがって，2 段階設計法による最適水準は

$$x_A^* = 1,\ x_C^* = -0.01592,\ x_D^* = -1$$

となる．■

[38] 因子 B は統計的に効果がなかっただけで，技術的に意味がないというわけではない．コストや時間など何らかの固有技術を加味して決めるとよい．また SN 比最大（ばらつき最小）という観点から因子 B を第 1 水準にするという選択もある．

> **S-RPD を用いた解析（応答モデリングによる 2 段階設計法）**
>
> - メニューにある [アドイン] の [S-RPD] → [分析] → [最適化] をクリックする．
> - まず，"乖離パート"の目標を [最小化] し（ばらつきを最小化），"平均パート"の目標を [なし] とし，[最適化] ボタンをクリックする．このとき，誤差因子に効果のある因子 A および D に * がマークされているが，第 1 段階では，これらの因子が最適化される．
> - これらの水準値を固定したもとで，第 2 段階で "平均パート" の目標を [目標値に合わせる] および「10」とし，[最適化] ボタンをクリックすると図 2.14 が出力される．ここで因子 B は変数選択されてないので最適化には影響していないことに注意されたい．
> - 図 2.14 には，それぞれ推定値が表示され，その右側に最適化後の推定値がグラフ化されている．

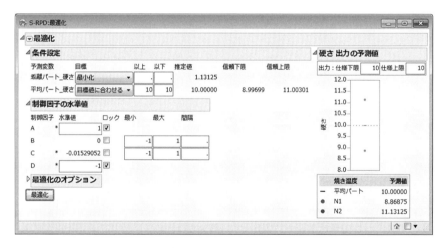

図 2.14　応答モデリングによる 2 段階設計法

シナリオ 3　（応答モデリングによる 1 段階設計法）

　制約条件として，まず，平均を目標値に一致させ，誤差因子の乖離ができるだけ 0 に近づくようにそれぞれ因子の水準を選択する．ここでは 2 段階設計法における第 1 段階のばらつきの最小化を犠牲にして最適水準を選択する．

すなわち，非線型計画問題として

$$\text{目的関数}: |\widehat{D}(x)| \longrightarrow 最小化$$

$$\text{制約条件}: \widehat{L}(x) = 10.0$$

を満足する最適な制御因子の水準 x^* を求めることである[39]．このような最適化問題を**非線型計画法**によって解くと[40]，最適水準として

$$x_A^* = 1, \ x_C^* = -0.01592, \ x_D^* = -1$$

が得られる．このとき，乖離パート $\widehat{D}(x)$ は 1.13125，平均パート $\widehat{L}(x) = 10.00$ となる．結果的に，前述のシナリオ 2 の 2 段階設計法による解と一致する[41]．■

> **S-RPD を用いた解析（応答モデリングによる 1 段階設計法）**
>
> - メニューにある [アドイン] の [S-RPD] → [分析] → [最適化] をクリックすると，図 2.15 のような最適化のウィンドウが表示される．
> - "乖離パート"の目標を [最小化] および"平均パート"の目標を [目標に合わせる]，その上下限を「10」とし，[最適化] ボタンを押すことで最適水準値が決定される．
> - 図 2.15 には，それぞれ推定値が表示され，その右側に最適化後の推定値がグラフ化されている．

[39] この場合の定式化は，平均パート $\widehat{L}(x)$ を目標値 10.0 に一致させたうえで乖離パート $|\widehat{D}(x)|$ を最小化しようというものである．

[40] この場合には，制御因子が 2 水準系なので線型計画法を用いて簡単に解を求めることができる．

[41] この事例の場合には，調整因子が存在しているため，結果的に 2 段階設計法と変わらない．1 段階設計法は因子が平均パートと乖離パートの両方に効果がある場合に有効である．

図 **2.15** 応答モデリングによる 1 段階設計法

3 望大特性のパラメータ設計

　本章では，望大特性のパラメータ設計を説明する．解析の段階では，前章の望目特性の場合とほとんど違いはない．望大特性の場合には，最適化の段階で「調整因子により平均値を最大化する」と置き換えるとよい．

　ただし，望大特性のパラメータ設計では，最大化（基本的には性能を向上させるための実験研究）が目的であり，伝統的な実験計画法と同様に平均値の解析（分散分析）で十分である．

3.1 コンクリートの圧縮強度実験

本章では，宮川 (2000) の p.73 にあるコンクリートの圧縮強度実験を用いて，SN 比解析および統計的モデリングによる最適化を試みる．実験の目的は，ばらつきを低減し，**望大特性**[42] である破壊強度を高めることである．

本事例では，制御因子として

A：スランプ　　A_1: 15,　A_2: 20 [cm]
B：打設速度　　B_1: 2,　B_2: 4 [m^3/h]
C：打止め圧力　C_1: 0.2,　C_2: 0.5 [kg/cm^2]
D：最大骨材寸法　D_1: 20,　D_2: 40 [mm]
E：細骨材率　　E_1: 40,　E_2: 50 [%]

の 5 因子各 2 水準としている．後述の 3.2 節および 3.3 節では，これらの水準を量的因子の水準値（第 1 水準を -1，第 2 水準を 1）とみなして解析する．

このとき，誤差因子 N として外気温

　　N_1: -10,　N_2: 30 [°C]

を取り上げている．

> **S-RPD を用いた解析（データセットの作成）**
>
> - メニューにある [アドイン] の [S-RPD] → [テーブル] → [計画の作成] を選択し，直積配置のデータセットを図 3.1 のように作成する．
> - 出力の設定：「特性値の名称」を望大特性である「破壊強度」とする．
> - 制御因子の計画：「計画表」は，5 因子 2 水準なので，ここでは直交表 [$L_8(2^7)$] を選択する．「割付」ボックスのチェックを外し，図 3.1 のように制御因子を割り付ける．「タイプ」はすべて量的因子で，それらの水準値を「1」，「2」とする．後述するモデリングを行う上では「-1」，「1」としておいた方が便利である．
> - 誤差因子の計画：誤差因子は，1 因子 2 水準なので，「計画表」で [1 因子] を選択し，「因子の水準数」を「2」と入力する．ここでは，「因子名」を「外気温」と入力する．水準値「1」，「2」はそれぞれ「N_1」，「N_2」としておく．
> - これらすべてを入力した後，[計画の作成] をクリックすると，望大特性のパラメータ設計で使用するデータセットが生成される．

---

[42] 望大特性とは，正値特性で，その値が大きいほど良い特性のことである．破壊強度の他に接着力なども望大特性である．また y が望大特性とするとき，その逆数 $1/y$ は望小特性と呼ばれる．望小特性とは，正値特性で，その値が小さいほど良い特性のことである．例えば，騒音や振動などが望小特性となる．

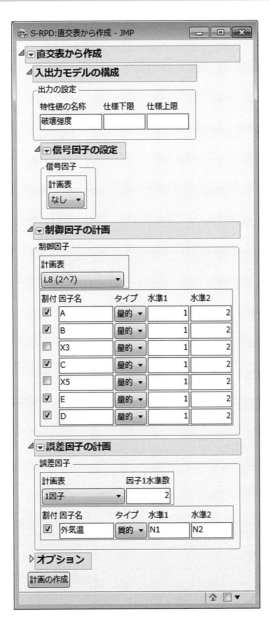

図 3.1　データセットの作成

制御因子が2水準で5因子であるため，これらを L_8 直交表に誤差因子（1因子2水準）をその外側に直積の形で割り付ける．ロバストパラメータ設計では誤差因子を意図的に設定し，**制御因子と誤差因子との有効な交互作用を見つけることが主目的となる**[43]．

表3.1に制御因子の割り付けとデータを示す．さらに，誤差因子の水準別の実験データのグラフを図3.2に示す[44]．

[43] 望大特性や望小特性では最大化あるいは最小化が目的（性能を向上させるための実験）となるため，伝統的な Fisher 流実験計画法と同様に，平均値の解析（分散分析）をすればよい．後述するように望大特性の SN 比は（調和）平均そのものをパフォーマンス測度としていることにも注意されたい．

[44] 本事例では，簡単のため L_8 直交表に主効果のみを割り付けているが，スクリーニング実験では L_{16}, L_{32} 直交表を用いて，主効果のみならず積極的に交互作用を割り付けるとよい．

表 3.1 圧縮強度実験のデータ

No.	A	B		C		E	D	N_1	N_2
	1	2	3	4	5	6	7		
1	1	1	1	1	1	1	1	235	255
2	1	1	1	2	2	2	2	268	278
3	1	2	2	1	1	2	2	244	265
4	1	2	2	2	2	1	1	226	224
5	2	1	2	1	2	1	2	240	252
6	2	1	2	2	1	2	1	276	274
7	2	2	1	1	2	2	1	243	261
8	2	2	1	2	1	1	2	218	225

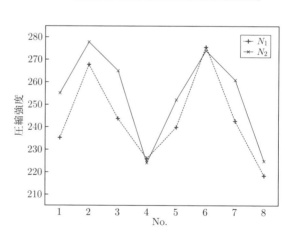

図 3.2 圧縮強度に関する実験データのグラフ化

【考察】図3.2より，全体的な傾向として，誤差因子 N_2 は N_1 の値よりも大きく N の効果（乖離が存在する）が見られる．また No.4, 6 に関しては誤差因子間の乖離は小さい．本実験は圧縮強度を高める目的であることから，No.6 の条件がよさそうである．

3.2 望大特性に対する SN 比解析

正値特性で目標値が無限大のもの**望大特性** (LTB:Larger The Better) という．制御因子が規定する各処理条件で誤差因子 $N_1, N_2, \ldots, N_n$ に対応するデータを $y_1, y_2, \ldots, y_n$ とする．このとき，**望大特性の SN 比** $\widehat{\gamma}_{\mathrm{LTB}}$ は誤差因子を繰り返しとみなし

$$\widehat{\gamma}_{\mathrm{LTB}} = -10 \log_{10}\left(\left(\sum_{i=1}^{n} 1/y_i^2\right)/n\right) \quad (3.1)$$

で与えられる[45]．ここでは，この望大特性の SN 比が大きくなるような制御因子の水準組合せを探索することが目的となる．

[45] 伝統的な実験計画法において，ほとんどの品質特性は望大特性である．望大特性では，特性の最大化が目的となるため，基本的には平均値を分析すればよい．実際，(3.1) 式で与えられる SN 比は，ばらつきの測度というよりは，特性を 2 乗したもとでの調和平均 $\bar{y}_H = n/\left(\sum_{i=1}^{n} 1/y_i\right)$ そのものであることに注意されたい．

【実データ解析】 L_8 直交表の各行は，誤差因子が 1 因子 2 水準なので 2 個のデータから (3.1) 式を用いて計算する．その結果を表 3.2 に示す．

表 3.2 望大特性の SN 比 [db]

No.	A 1	B 2	 3	C 4	 5	E 6	D 7	$\widehat{\gamma}_{\mathrm{LTB}}$
1	1	1	1	1	1	1	1	47.76
2	1	1	1	2	2	2	2	48.72
3	1	2	2	1	1	2	2	48.09
4	1	2	2	2	2	1	1	47.04
5	2	1	2	1	2	1	2	47.81
6	2	1	2	2	1	2	1	48.79
7	2	2	1	1	2	2	1	48.01
8	2	2	1	2	1	1	2	46.90

S-RPD を用いた解析（望大特性の SN 比の計算）

メニューにある [アドイン] の [S-RPD] → [SN 比解析] → [SN 比/感度の計算] をクリックする．ここでは "望大特性" を選択し，[OK] ボタンをクリックすれば，表 3.2 で与えられる計算結果が得られる．

望大特性の SN 比 $\widehat{\gamma}_{\mathrm{LTB}}$ に対して L_8 直交表に割り付けた制御因子について，分散分析した結果が表 3.3 である．

表 3.3　望大特性の SN 比に対する分散分析表

要因	平方和	自由度	平均平方	F 値	p 値
A	0.0013	1	0.0013	0.183	0.7106
B	1.1456	1	1.1456	159.731	0.0062
C	0.0062	1	0.0062	0.863	0.4509
D	0.0007	1	0.0007	0.104	0.7777
E	2.0891	1	2.0891	291.285	0.0034
e	0.0143	2	0.0072		
T	3.2573	7			

表 3.3 の分散分析表を見ると，因子 B および E の効果が大きい．次に望大特性の SN 比に対する要因効果図を図 3.3 に示す．

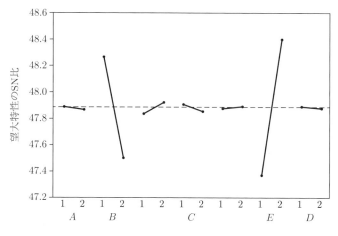

図 3.3　望大特性の SN 比に対する要因効果図

─ S-RPD を用いた解析（分散分析表と要因効果図）──────────

- メニューにある [アドイン] の [S-RPD] → [SN 比解析] → [要因効果図/分散分析] をクリックすると，それぞれ要因効果図と分散分析表の出力結果が図 3.4 のように表示される．
- 図 3.4 の分散分析表の左にあるグラフは，それぞれ因子（要因）の寄与率に対するグラフであり，どの程度因子に効果があるのか視覚的に判断できるようになっている．

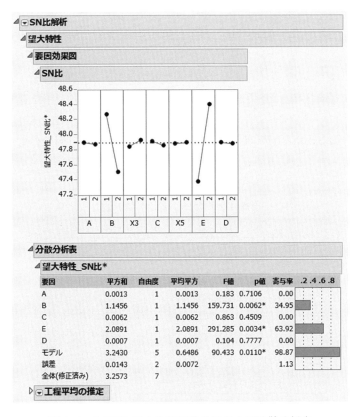

図 3.4　S-RPD による要因効果図および分散分析表

ここで，各制御因子の主効果のみから SN 比が最大になる条件を推定すると $A_1B_1C_1D_1E_2$ となる．

─ S-RPD を用いた解析（SN 比解析による最適設計）───────
- 図 3.4 の一番下の【工程平均の推定】の左の三角ボタン ▽ を押す．
- SN 比解析による最適設計を行うために，"望大特性の SN 比"の目標を [最大化] とし，[最適化] ボタンをクリックすることで最適水準値が決定される．

3.3 望大特性に対するL&Dモデリング

本節では,望大特性に対するL&Dモデリングによる最適化を行う.望目特性の場合と同様に,制御因子が規定する各処理条件で誤差因子を繰り返しとみなして平均 $\hat{\mu}$ および対数変換後の分散 $\log \hat{\sigma}^2$ を計算し,その結果を表3.4に示す.なお,第2章と同様にモデリングを行ううえで,因子の水準は1,2ではなく−1,1としている.

表 3.4 平均と対数変換後の分散

No.	A	B		C		E	D	$\hat{\mu}$	$\log \hat{\sigma}^2$
	1	2	3	4	5	6	7		
1	−1	−1	−1	−1	−1	−1	−1	245.0	5.298
2	−1	−1	−1	1	1	1	1	273.0	3.912
3	−1	1	1	−1	−1	1	1	254.5	5.396
4	−1	1	1	1	1	−1	−1	225.0	0.693
5	1	−1	1	−1	1	−1	1	246.0	4.277
6	1	−1	1	1	−1	1	−1	275.0	0.693
7	1	1	−1	−1	1	1	−1	252.0	5.088
8	1	1	−1	1	−1	−1	1	221.5	3.199

S-RPD を用いた解析（$\hat{\mu}$ および $\log \hat{\sigma}^2$ の計算）

- メニューにある [アドイン] の [S-RPD] → [分析] → [モデリング/分散分析] → [L&D モデル] を選択する.乖離の測度として"対数変換された分散"にチェックを入れ,[OK] ボタンをクリックすると,図3.5のような出力結果が得られる.なお,SN 比モデリングを行う際は,望大特性のSN 比を選択するとよい.

- 図3.5の上段の「変数選択のまとめ」で解析特性ごとの寄与率,自由度調整済み寄与率のグラフが表示され,その下に分散分析における因子の効果の大きさが p 値により分類・視覚化されている.

- 表3.4で与えられている $\hat{\mu}$ および $\log \hat{\sigma}^2$ の計算結果は,図3.5の一番下の【予測式の確認】→【応答値】の左にある三角ボタン ▽ を押すことで得られる.

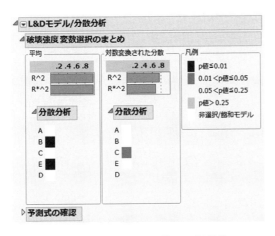

図 3.5　寄与率および効果の視覚化

【実データ解析】まず，図3.6に示す半正規プロットにより平均 $\hat{\mu}$ および対数変換後の分散 $\log\hat{\sigma}^2$ に影響する因子を選択する．

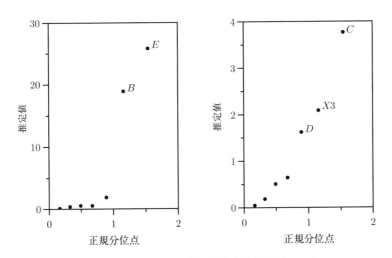

図 3.6　$\hat{\mu}$ および $\log\hat{\sigma}^2$ に関する半正規プロット

―― S-RPD を用いた解析（半正規プロット）――――――――

[S-RPD] → [分析] → [モデリング/分散分析] → [L&D モデル] をクリックし，"対数変換された分散"にチェックを入れ [OK] ボタンを押す．次に【予測式の確認】→【平均】の左にある ▽ をクリックすることで図3.6が表示される．

これより L&D モデリングによる母数の推定式は，それぞれ

$$\widetilde{\mu} = 249.000 - 10.750 x_B + 14.625 x_E \tag{3.2}$$

$$\log \widetilde{\sigma}^2 = 3.5694 - 1.4452 x_C + 0.6264 c_D \tag{3.3}$$

で与えられる．

S-RPD を用いた解析（変数選択後の分散分析および推定式）

- メニューにある [アドイン] の [S-RPD] → [分析] → [モデリング/分散分析] → [L&D モデル] をクリックする．
- 次に，乖離の測度として"対数変換された分散"を選択し，[OK] ボタンをクリックすれば，$\widehat{\mu}$ と $\log \widehat{\sigma}^2$ の変数選択の結果が視覚化される．同様に SN 比モデリングの場合には，"望大特性の SN 比"をチェックするとよい．
- デフォルトでは，自由度調整済み寄与率 R^{*2}（追加・除去の規準を 0.01）によって形式的に変数選択を行っている．また寄与率や情報量規準（AIC や BIC）ではなく，半正規プロットによる変数選択に基づいて手動で効果を選択する場合には，【予測式の確認】→【変数選択】→【平均】を選択し，"変数選択"の左端のボックスにチェックをするとよい．
- 平均 $\widehat{\mu}$ に関しては，半正規プロットにより，因子 B, E のみを選択している．
- 対数変換した分散 $\log \widehat{\sigma}^2$ に関しては，半正規プロットにより因子 C, D を選択している．これにより，それぞれ選択後の分散分析およびパラメータの推定値（推定式）が表示される．(3.2) 式および (3.3) 式は【パラメータの推定値】を押すことで各推定値が表示され，この表に基づいて定式化している．
- 「あてはまりの要約」には変数選択後の寄与率 R^2，自由度調整済み寄与率 R^{*2} および情報量規準である AIC, BIC なども出力されている．
- SN 比解析と同様に，要因（因子）の分散分析表もあわせて出力されている．
- 最後に，後の最適化計算をするために必要になるため，【L&D モデル/分散分析】→ [予測変数の保存] をクリックし保存しておく．

次に，これらのモデル式に基づき，2段階設計法による最適化を行う．望大特性に対する2段階設計法は，望目特性の場合と同様に，対数変換後の分散に効果がある因子を用いてばらつきを低減させ，さらに平均に対するそれにより，特性を最大化させることが目的となる．その出力結果を図 3.7 に示す．

シナリオ 1（L&D モデリングによる 2 段階設計法）

前述の 2 段階設計法において，第 1 段階で因子 C, D を用いてばらつき（対数変換後の分散 $\log \tilde{\sigma}^2$）を低減し，第 2 段階では因子 B と E を用いて最大化する．まず，(3.3) 式で，ばらつきを最小にするために因子 C を第 2 水準 ($x_C = 1$)，因子 D を第 1 水準 ($x_D = -1$) とする．これらを固定し，因子 B を第 1 水準 ($x_B = -1$)，因子 E を第 2 水準 ($x_E = 1$) とすれば，それぞれ $\tilde{\mu} = 274.375, \tilde{\sigma}^2 = 4.472$ を得る． ∎

S-RPD を用いた解析（L&D モデリングによる 2 段階設計法）

- メニューの [アドイン] の [S-RPD] → [分析] → [最適化] をクリックする．第 1 段階で因子 C, D を用いてばらつきを低減するため，"平均"の目標を [なし] および "分散" の目標を [最小化] し，[最適化] ボタンをクリックする．
- 次に，【制御因子の水準値】の因子 C, D にチェックを入れ，"平均"の目標を [最大化] にして [最適化] ボタンを押すと図 3.7 が得られる．

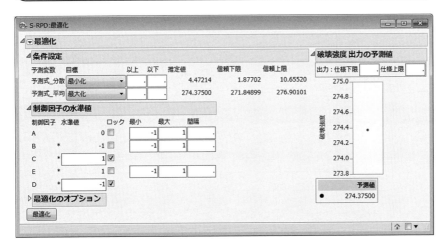

図 3.7　L&D モデリングによる 2 段階設計法

3.4 望大特性に対する応答モデリング

望大特性 Y の母平均 μ が制御因子 x と誤差因子 N の関数 $\mu(x, N)$ で与えられているとする.データの構造は,望目特性の場合と同様に,次のような**応答モデル**を仮定する.

$$Y = \mu(x, N) + \varepsilon$$
$$= L(x) + D(x)z + \varepsilon, \quad \varepsilon \sim N(0, \sigma^2)$$

応答モデリングによる 2 段階設計法は,$L(x)$ および $D(x)$ を用いて次のように表現でき,これらを満たす最適な制御因子 x^* を決めることが目的となる.

> (i) 乖離パート $|D(x)|$ を最小にする条件を制御因子の水準組合せで見出す.
> (ii) 調整因子により平均パート $L(x)$ を最大にする.

【実データ解析】 まず,半正規プロットを作成し,平均および乖離に影響する因子を視覚的に特定する.図 3.8 を見ると,平均に対して効果の大きな因子は B および E である.一方,因子 C は誤差因子に対して大きな効果をもつ.

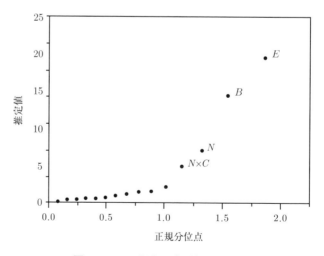

図 3.8 $\widehat{y}$ に関する半正規プロット

一方,自由度 2 重調整済み寄与率による変数選択後の推定式は

$$\hat{y} = 249.000 - 10.750x_B - 0.375x_C + 14.625x_E \\ + (-5.250 + 3.625x_C)z \tag{3.4}$$

で与えられる.ただし,追加と除去の閾値を 1.0% としている.なお,半正規プロットにおいて平均パートで効果の小さい因子 C が選ばれている理由は,高次の項である交互作用 $N \times C$ が選択されているからである.

表 3.5 にそれぞれ変数選択後の分散分析表を示しておく.表 3.5 の分散分析を見ると,$\hat{y}$ に関するモデルの寄与率 R^2 は 90% を超えているのでモデル適合として十分である.

表 3.5 変数選択後の $\hat{y}$ に対する分散分析表

要因	平方和	自由度	平均平方	F 値	p 値	R^2
B	1849.000	1	1849.000	175.677	<.0001	30.49
C	2.250	1	2.250	0.214	0.6537	0.00
E	3422.250	1	3422.250	325.154	<.0001	56.58
N	441.000	1	441.000	41.900	<.0001	7.14
$N \times C$	210.250	1	210.250	19.976	0.0012	3.31
モデル	5924.750	5	1184.950	112.584	<.0001	97.52
e	105.250	10	10.525			2.48
T	6030.000	15				

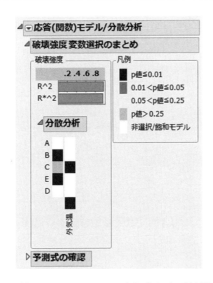

図 3.9 応答モデリングによる寄与率および効果の視覚化

> **S-RPD を用いた解析（推定式および分散分析）**
>
> メニューの [アドイン] の [S-RPD] → [分析] → [モデリング/分散分析] → [応答（関数）モデル] をクリックすると，図 3.9 のように寄与率 R^2 および自由度調整済み寄与率 R^{*2} のグラフが表示される．その下に制御因子と誤差因子に効果のある因子が p 値によって分類され，視覚化されている．これを見ると，どの制御因子に効果があり，調整因子の有無など視覚的に把握できる．最後に，最適化計算をするために【応答（関数）モデリング/分散分析】→[予測変数の保存] をクリックして保存しておく．

さて，(3.4) 式で与えられた予測式をもとに，ここでは以下の 2 つのシナリオを立てて最適設計を行う．

シナリオ 2　（SN 比解析による最適条件：$A_1B_1C_1D_1E_2$）

ここでは SN 比解析による最適条件：$A_1B_1C_1D_1E_2 (A_{-1}B_{-1}C_{-1}D_{-1}E_1)$ を (3.4) 式に代入して，SN 比解析で得られた最適条件が予測モデルを通じて，どのような状況であるか把握する．図 3.10 の出力結果より乖離（分散）は 8.875，平均は 274.750 である．　■

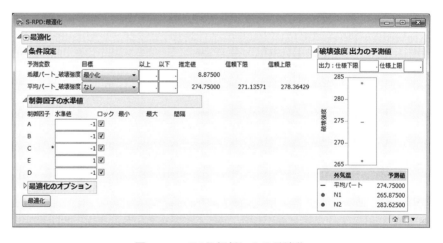

図 3.10　SN 比解析による最適化

> **S-RPD を用いた解析（SN 比解析による最適化）**
>
> [S-RPD] → [分析] → [最適化] をクリックする．ここでは，SN 比解析で得られた最適条件を応答関数モデリングを通じて認識する．【制御因子の水準値】の各因子 A, B, C, D, E の"ロック"にチェックする．それぞれ設定値を $x_A^* = -1, x_B^* = -1, x_C^* = -1, x_D^* = -1, x_E^* = 1$ を直接，入力して [最適化] ボタンをクリックする．このとき，平均および乖離パートの推定値（および信頼上下限）の計算結果が表示され，図 3.10 のように出力される．

シナリオ 3 （応答モデリングによる 2 段階設計法）

(3.4) 式を用いて最適設計を行う．2 段階設計法の第 1 段階で，因子 C を用いてばらつきを最小化する．ここで，因子 C を第 2 水準 ($x_C^* = 1$) とすれば，(3.4) 式の乖離は 1.625 となり最小となる．次に，この水準を固定し，因子 B, E によって平均パートを最大にするために水準をそれぞれ $x_B^* = -1, x_E^* = 1$ とする．このとき $\widetilde{L}(x)$ は 274.0 となる．よって，最適水準は

$$x_B^* = -1,\ x_C^* = 1,\ x_E^* = 1\ (B_1 C_2 E_2)$$

となる．ここで，変数選択で選択されなかった（効果の小さい）因子 A, D については特に水準設定の必要はない．■

> **S-RPD を用いた解析（応答モデリングによる 2 段階設計法）**
>
> - メニューの [アドイン] の [S-RPD] → [分析] → [最適化] をクリックする．
> - まず，"乖離パート"の目標を [最小化] し（ばらつきを最小化），"平均パート"の目標を [なし] とし，[最適化] ボタンをクリックする．このとき，誤差因子に効果のある因子 C に * がマークされ，第 1 段階で固定（ロック）する．
> - 因子 C の水準値を固定したもとで，第 2 段階で"平均パート"の目標を [最大化] とし，[最適化] ボタンをクリックすれば，図 3.11 が出力される．因子 A, D は変数選択されてないので最適化には影響していないことに注意されたい．
> - 図 3.11 には，それぞれの推定値が表示され，その右側に最適化後の推定値がグラフ化されている．

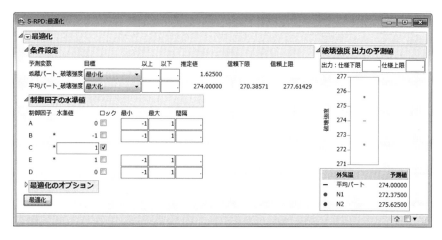

図 3.11 応答モデリングによる 2 段階設計法

4 動特性のパラメータ設計

　本章では，ゼロ点比例式を用いた動特性のパラメータ設計を説明する．動特性の場合には，必ず信号因子を取り上げ，製品の機能（物理的メカニズム）を入出力関係で表現し，「あるべき姿」に近づけるという演繹的なアプローチをとる．

　動特性のパラメータ設計の解析ストーリーは以下の通りである．

1. 実験の計画：制御因子を直交表に割り付け，信号因子と誤差因子をその外側に割り付けた直積配置実験を行う．
2. 統計解析：ゼロ点比例式を想定した SN 比解析ないしは統計モデリング（応答関数モデリング）を通じて，制御因子と誤差因子の有効な交互作用をみつける．
3. 最適化：2 段階設計法により，制御因子の最適水準値を探索する．すなわち，(i) ばらつきが最小となる（SN 比最大となる）条件を制御因子の水準組合せで決定し，(ii) 調整因子により，傾きを最大にするような設計パラメータを求めることが目的となる．

4.1 高速応答弁の設計

高速応答弁の特性の一つに流量特性があり，その**物理的メカニズム**（**基本機能**）を表す入出力関係として

$$流量 = 定数 \times \text{duty}比 \times \sqrt{圧力差} \tag{4.1}$$

が知られている．これは，duty比を一定にしたときに流量と $\sqrt{圧力差}$ が実際にどの程度の比例関係にあるかを示すものである（圓川・宮川 (1992), p.106）．この例では，$\sqrt{圧力差}$ によって流量が比例的に変化することが**理想機能**となる[46]．

流量を y [cc/分]，信号因子である $\sqrt{圧力差}$ を M，定数 $\times$ duty比 を傾き β とする．このとき，$\sqrt{圧力差}$ がゼロの場合には流量もゼロなので，原理原則的にこれらの**入出力関係**として**ゼロ点比例式**

$$y = \beta M \tag{4.2}$$

を想定する[47]．ここで，理想機能を比例式関係で表すため，信号因子 M は圧力差の平方根を施していることに注意する．本事例の目的は，その機能の改善，すなわち，比例性を改善させ傾きを十分に急にすることである．

制御因子として，ストローク，スプリング取付け荷重，圧力バランス，通油面積の4因子各2水準を取り上げ，後に示す表4.2のように L_8 直交表 (Resolution IV) に割り付けている．

A：ストローク（2水準）
B：スプリング取付け荷重（2水準）
C：圧力バランス（2水準）
D：通油面積（2水準）

後述の4.2節，4.3節において統計的モデリングを行ううえで，これらの番号を量的因子の水準の値（第1水準を -1，第2水準を1）とみなして解析する．

誤差因子 N は入力電圧とし，その水準を基準値 12 [V] に対して 12 ± 1 [V] の2水準 $N_1 : 11$，$N_2 : 13$ と設定している．

特性 y の出力を目標値に一致させるために用いる入力 $\sqrt{圧力差}$ が（能動型）信号因子 M である．動特性のパラメータ設計では必ず**信号因子**を取り上げる．

---

[46] タグチメソッドでは，物理的メカニズムやエネルギーの加法性を前提に，システムの選択を行い，「あるべき姿の探求」を目的とした演繹的なアプローチを推奨している．

[47] 多くの物理量は原点0に意味がある比尺度である．さらに，入出力関係は $M = 0$ では $y = 0$ になることからゼロ点比例式は自然である．

信号因子の水準は少なくとも3水準にしたほうがよく，範囲は技術的に意味のある限り広くしたほうがよい．ここでは，入力である信号因子の水準は

$$M_1: 4, \quad M_2: 8, \quad M_3: 12$$

のように $\sqrt{圧力差}$ が等間隔になるように3水準に設定している．

S-RPD を用いた解析（データセットの作成）

- メニューにある [アドイン] の [S-RPD] → [テーブル] → [計画の作成] を選択し，直交表の外側に誤差因子と信号因子を割り付けた外側配置を組み合わせた直積配置のデータセットを図4.1のように作成する．
- 出力の設定：「特性値の名称」を動特性である「流量」とする．
- 入出力の関係：ゼロ点比例式である [原点を通る1次] とする．
- 信号因子の設定：「計画表」を [1因子] とし，因子の水準を「3」と入力する．「因子名」を「M」，「タイプ」を [量的]，水準を等間隔に「4」，「8」，「12」とする．
- 制御因子の計画：「計画表」は，4因子2水準なので，ここでは標準系の直交表 [$L_8(2^4)$] を選択する．「割付」ボックスのチェックを外し，図4.1のように割り付ける．「因子名」は上から順（列の左から順）に A, B, C, D とする．「タイプ」はすべて量的因子で，それらの水準値を「1」，「2」とする．後述するモデリングを行う上では，望目特性と同様に「-1」，「1」としておいた方が便利である．
- 誤差因子の計画：誤差因子は，1因子2水準なので，「計画表」で [1因子] を選択し，「因子の水準数」を「2」と入力する．ここでは，「因子名」を「入力電圧」としておく．さらに水準値「1」，「2」はそれぞれ「N_1」，「N_2」としておく．
- データに繰り返しがある場合には，【オプション】をクリックし，「サンプルの繰り返し数」を入力するとよい．
- これらすべて入力した後，[計画の作成] をクリックすると，表4.2のような動特性のパラメータ設計で使用するデータセットが生成される．

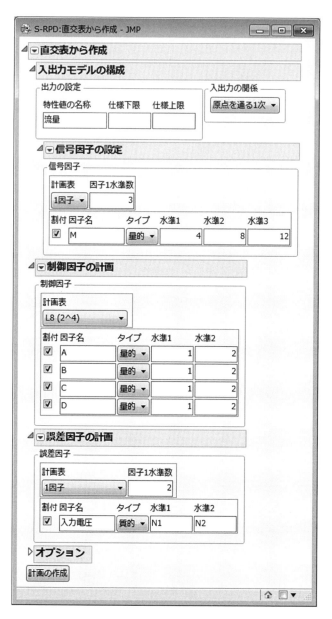

図 4.1 動特性のデータセット

特性 y と信号因子 M の理想的関係として (4.2) 式を想定し，それに近づくような制御因子の水準組合せを求めるため，信号因子と制御因子の直積実験を行う[48]．そこで，特性 y に対する信号因子 M と誤差因子 N の効果を明らかにするために，N と M を直交表の外側に **2 元配置** で割り付ける．

このデータ形式を表 4.1 に示す．

表 **4.1** 誤差因子と信号因子の実験データ

	M_1	M_2	$\cdots$	M_m
N_1	y_{11}	y_{12}	$\cdots$	y_{1m}
N_2	y_{21}	y_{22}	$\cdots$	y_{2m}
$\vdots$	$\vdots$	$\vdots$	$\cdots$	$\vdots$
N_n	y_{n1}	y_{n2}	$\cdots$	y_{nm}

[48] 制御因子を直交表に割り付けて最適条件を探索するというのは，帰納的実験である．一方，ゼロ点比例式をベースにそれに近づけるという指針は演繹的なものである．動特性アプローチは，これらの両者を融合させた実験的方法論であるといえる．

本実験では，表 4.2 に示すように，4 つの制御因子を内側直交表 L_8 に割り付け，その外側に信号因子と誤差因子を 2 元配置で割り付ける．これより，L_8 の各処理条件における $\sqrt{圧力差}$ と流量の比例関係性の評価を行う．

表 **4.2** 流量の実験データ

No.	A	B	C			D		M_1		M_2		M_3	
	1	2	3	4	5	6	7	N_1	N_2	N_1	N_2	N_1	N_2
1	1	1	1	1	1	1	1	15	33	31	52	58	78
2	1	1	1	2	2	2	2	38	46	69	75	111	126
3	1	2	2	1	1	2	2	22	28	48	51	52	93
4	1	2	2	2	2	1	1	11	38	26	77	95	135
5	2	1	2	1	2	1	2	18	19	42	48	65	71
6	2	1	2	2	1	2	1	39	65	65	98	82	103
7	2	2	1	1	2	2	1	5	45	38	78	38	86
8	2	2	1	2	1	1	2	21	58	59	113	101	121

実験データを採取したら，現状を把握するために生データをグラフ化することが大切である．L_8 直交表の 8 通りの各条件で，特性 y と信号 M が理想とする比例式関係からどれくらい乖離しているかを観察する．比例性を乱すのが誤差因子 N なので N の各水準で層別し，図 4.2 のように y（流量）を縦軸，$M\left(\sqrt{圧力差}\right)$ を横軸として 8 枚のグラフを作成する．

> **S-RPD を用いた解析(実験データのグラフ化)**
>
> - メニューにある [アドイン] の [S-RPD] → [グラフ] → [推移/回帰プロット] を選択することで,図 4.2 のように,実験 No. ごとのデータが誤差因子の水準別に表示されている.Ctrl キーを押しながらグラフをクリックすると拡大したグラフも表示される.
> - 図の 2 本の直線は誤差因子ごとに求めた回帰直線である.【重ね合わせ】の左にある三角ボタン ▽ をクリックすることで,すべての実験の回帰直線が重ねて表示される.
> - 下の【数値表】の左にある三角ボタン ▽ をクリックすると,実験 No. および誤差因子ごとの回帰係数の推定値 $\hat{\beta}_1, \hat{\beta}_2$,寄与率 R^2,誤差の標準偏差 (RMSE) が表示される.

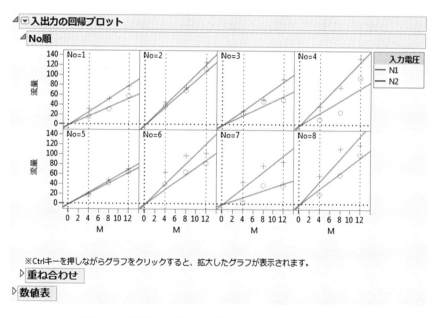

図 4.2 特性(流量)に関する実験データのグラフ化

【考察】図 4.2 を見ると,8 通りの処理条件の中で実験 No.2, 5 は誤差因子の影響をほとんど受けておらず,良い条件であることがわかる.また,すべての条件で N_1 より N_2 のほうが値が大きく,かつ M について単調増加であり,理想機能としてゼロ点比例式を想定したことに問題なさそうである.

4.2 動特性に対する SN 比解析

前節では,生データのグラフ化を行い,処理条件による比例性からのズレを確認した.このようなズレがどの制御因子の水準変更で引き起こされているのかを明らかにするために,SN 比に対する要因効果を調べる.そこで L_8 直交表の制御因子が規定する各処理条件ごとに,信号因子 M と誤差因子 N の 2 元配置で割り付けられたデータから**田口の動特性の SN 比** [db] を算出する.

田口の動特性の SN 比 [db] は (4.2) 式のもとで

$$\widehat{\gamma}_T = 10 \log_{10}\left(\frac{\widehat{\beta}^2}{\widehat{\sigma}^2}\right) \tag{4.3}$$

で定義される.ただし,$\widehat{\beta}$ および $\widehat{\sigma}^2$ は前掲の表 4.1 のデータ形式のもとで

$$\widehat{\beta} = \frac{\sum_{i=1}^{n}\sum_{j=1}^{m} y_{ij}M_j}{n\sum_{j=1}^{m} M_j^2}, \quad \widehat{\sigma}^2 = \frac{1}{nm-1}\sum_{i=1}^{n}\sum_{j=1}^{m}(y_{ij}-\widehat{\beta}M_j)^2 \tag{4.4}$$

で与えられる.また,誤差因子の N_i 水準の傾き β_i に対する推定量 $\widehat{\beta}_i$ は

$$\widehat{\beta}_i = \frac{\sum_{j=1}^{m} y_{ij}M_j}{\sum_{j=1}^{m} M_j^2} \tag{4.5}$$

である[49].なお,**田口の動特性の感度** [db] は $S = 10\log_{10}\widehat{\beta}^2$ で定義される.

【実データ解析】 まず,制御因子で規定される各条件ごとに,SN 比および感度の推定値を計算する.その結果を表 4.3 に示す.

[49] 前掲の図 4.2 に記載している 2 本の直線は L_8 の各条件において誤差因子の水準 N_i ごとの 3 個のデータから最小 2 乗法により推定されたゼロ点比例式である.

表 4.3 田口の SN 比と感度 [db]

No.	A 1	B 2	C 3	4	5	6	D 7	$\widehat{\gamma}_T$	S
1	1	1	1	1	1	1	1	-5.97	14.89
2	1	1	1	2	2	2	2	2.65	19.71
3	1	2	2	1	1	2	2	-6.68	15.70
4	1	2	2	2	2	1	1	-9.96	18.52
5	2	1	2	1	2	1	2	3.59	14.93
6	2	1	2	2	1	2	1	-7.66	18.88
7	2	2	1	1	2	2	1	-12.66	15.33
8	2	2	1	2	1	1	2	-7.31	19.76

> **S-RPD を用いた解析（SN 比と感度の計算）**
>
> [S-RPD] → [SN 比解析] → [SN 比/感度の計算] をクリックする．次に，"ゼロ点比例式"を選択し [OK] を押すと結果が出力される．

田口の SN 比 $\hat{\gamma}_T$ に対して L_8 直交表に割り付けた制御因子について分散分析した結果が表 4.4 である．対応する要因効果図は図 4.3 である．

表 4.4　田口の SN 比に対する分散分析表

要因	平方和	自由度	平均平方	F 値	p 値
A	2.073	1	2.073	0.321	0.6108
B	106.645	1	106.645	16.497	0.0269
C	0.040	1	0.040	0.006	0.9423
D	101.520	1	101.520	15.704	0.0287
e	19.394	3	6.465		
T	229.671	7			

【考察】　表 4.4 の分散分析表を見ると，因子 B と D の効果が大きく，A と C にはほとんど効果がない．したがって，因子 B と D の水準間によって SN 比は異なると結論づけてもよさそうである．

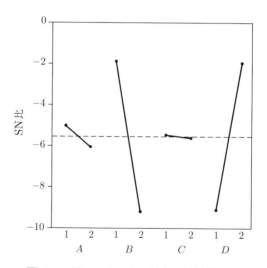

図 4.3　田口の SN 比に対する要因効果図

ここで，各制御因子の主効果のみから SN 比が最大になる条件を推定すると

$$\text{SN 比最大条件：} A_1 B_1 C_1 D_2$$

で与えられる．

この問題では，SN 比が大きくても，傾き β がある程度急でなければ意図する流量が得られない[50]．そこで，感度 S を解析特性として分散分析を行い，その結果を表 4.5 に示す．対応する要因効果図は図 4.4 である．

[50] 技術開発段階では，目標値が設定されることはほとんどない．本事例のように傾き（変化率）をなるべく大きくすることが目的となる．

表 4.5 田口の感度に対する分散分析表

要因	平方和	自由度	平均平方	F 値	p 値
A	0.001	1	0.001	0.003	0.9605
B	0.100	1	0.100	0.433	0.5574
C	32.069	1	32.069	138.957	0.0013
D	0.765	1	0.765	3.316	0.1661
e	0.692	3	0.231		
T	33.627	7			

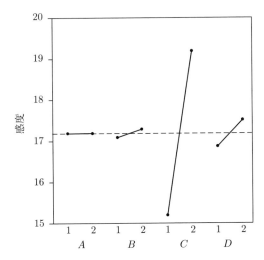

図 4.4 田口の感度に対する要因効果図

【考察】 表 4.5 を見ると，因子 C が大きな効果をもっている．このとき，各制御因子の主効果のみから感度が最大になる条件は $A_2 B_2 C_2 D_2$ となる．

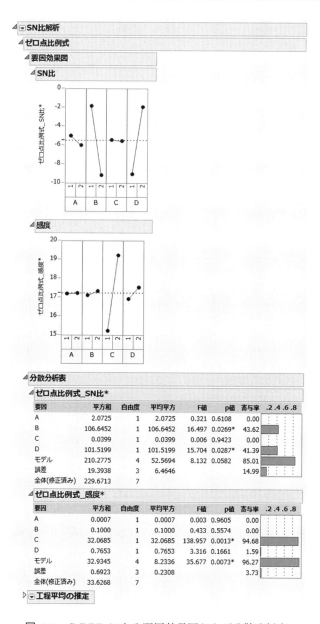

図 4.5　S-RPD による要因効果図および分散分析表

> **S-RPD を用いた解析（分散分析と要因効果図）**
>
> - メニューにある [アドイン] の [S-RPD] → [SN 比解析] → [要因効果図/分散分析] をクリックすると，それぞれ要因効果図と分散分析表が図 4.5 のように表示される．
> - 図 4.5 の分散分析表の左にあるグラフは，それぞれ因子（要因）の寄与率に対するグラフであり，どの程度因子に効果があるのか視覚的に判断できるようになっている．

これより 2 段階設計法を適用し，最適条件を求める．そこで，まず第 1 段階で，SN 比の効果が大きい因子 B と D によって SN 比を最大化する．要因効果図および分散分析表の結果より，その最適水準は $B_1 D_2$ と予想される．制御因子 B と D で SN 比を大きくした後，第 2 段階において SN 比に影響しない因子 C により特性である流量の調整を行い，感度の最大化を図る．

ここでは，2 段階設計法による最適解として

$$\text{SN 比解析による最適条件}：A_1 B_1 C_2 D_2$$

を水準選択する．

> **S-RPD を用いた解析（SN 比解析による 2 段階設計法）**
>
> - メニューにある [アドイン] の [S-RPD] → [SN 比解析] → [要因効果図/分散分析] をクリックし，【工程平均の推定】の左の三角ボタン ▽ を押すと，図 4.6 が出力される．
> - SN 比解析による 2 段階設計を行うために，"動特性の SN 比" の目標を [最大化] および "動特性の感度" の目標を [なし] とし，[最適化] ボタンをクリックする．第 1 段階の最適化を行った後，SN 比に効果のある因子 B, D を第 1 段階で固定（ロック）する．
> - これらの水準値を固定したもとで，第 2 段階で "動特性の感度" の目標を [最大化] とし，再度，[最適化] ボタンをクリックすることで最適水準値が決定される．このとき，動特性の SN 比および感度の最適条件に対する推定値（工程平均）も合わせて出力されているので参照されたい．

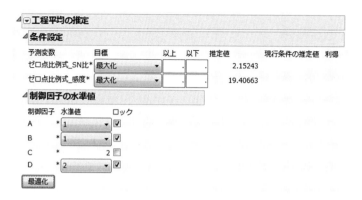

図 4.6 SN比解析による2段階設計法

4.3 動特性に対するパフォーマンス測度モデリング

本節では,解析特性として $\widehat{\beta}$ および動特性の SN 比 $\widehat{\gamma}_T$ を用いて SN 比モデルによる解析を行う.これは望目特性における SN 比モデリングに相当するものである.特に動特性の場合には,**パフォーマンス測度モデリング** (PMM: Performance Measure Modeling) と呼ばれている.例えば,Wu and Hamada (2009) の p.580 を参照されたい.

まず,制御因子が規定する各処理条件で誤差因子を単なる繰り返しとみなして傾き $\widehat{\beta}$ と動特性の SN 比 $\widehat{\gamma}_T$ を計算する[51].その結果を表 4.6 に示す.

S-RPD を用いた解析($\widehat{\beta}$ および $\widehat{\gamma}_T$ の計算)

- メニューにある [アドイン] の [S-RPD] → [分析] → [モデリング/分散分析] → [L&D モデル] を選択する.乖離の測度として "ゼロ点比例式の SN 比" にチェックを入れ,[OK] ボタンをクリックすると,図 4.7 の出力結果が得られる.
- 図 4.7 の上段の「変数選択のまとめ」で解析特性ごとの寄与率,自由度調整済み寄与率のグラフが表示され,その下に分散分析における効果の大きさが p 値により分類・視覚化されている.
- 表 4.6 で与えられている $\widehat{\beta}$ および $\widehat{\gamma}_T$ の計算結果は,図 4.7 の【予測式の確認】→【応答値】の左にある三角ボタン ▽ を押すことで表示される.

---

[51] 望目特性の場合の SN 比モデリングと同様に,主効果のみでモデリングした場合は,前節の SN 比解析と同じ結果になる.ただし,後述の【補足】でも述べるように,ゼロ点比例式は相対誤差一定モデルがより自然である.なお,本書では絶対誤差一定のモデルで推定を行っているが,相対誤差一定から導出される推定値とは異なることに注意されたい.相対誤差一定の場合の PMM は演習問題としておく.

表 4.6 傾き $\widehat{\beta}$ および田口の SN 比 $\widehat{\gamma}_T$ [db]

No.	A 1	B 2	3	C 4	5	6	D 7	$\widehat{\beta}$	$\widehat{\gamma}_T$
1	−1	−1	−1	−1	−1	−1	−1	5.55	−5.97
2	−1	−1	−1	1	1	1	1	9.67	2.65
3	−1	1	1	−1	−1	1	1	6.10	−6.68
4	−1	1	1	1	1	−1	−1	8.44	−9.96
5	1	−1	1	−1	1	−1	1	5.58	3.59
6	1	−1	1	1	−1	1	−1	8.79	−7.66
7	1	1	−1	−1	1	1	−1	5.84	−12.66
8	1	1	−1	1	−1	−1	1	9.72	−7.31

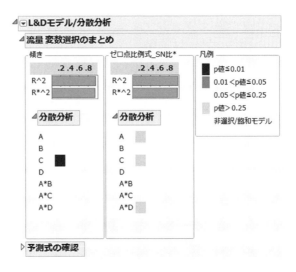

図 **4.7** 寄与率および効果の視覚化

【補足】相対誤差一定のもとでのゼロ点比例式モデル

田口の動特性の SN 比は，**絶対誤差一定**というモデル

$$y = \beta(x, N)M + \varepsilon, \quad \varepsilon \sim N(0, \sigma^2)$$

をもとに推定量が構成されている．

しかし，ゼロ点比例式は y が比尺度データで，その平均が 0 のときはばらつきが 0 となるという状況を想定してため，**相対誤差一定**のモデル

$$y = \beta(x, N)M + \varepsilon, \quad \varepsilon \sim N(0, \sigma^2 M^2)$$

を仮定するほうが自然である[52]．

このモデルのもとでの推定値は重み付き最小 2 乗法 (weighted least squre) により

$$\widehat{\beta} = \frac{1}{nm}\sum_{i=1}^{n}\sum_{j=1}^{m}\frac{y_{ij}}{M_j}, \quad \widehat{\sigma}^2 = \frac{1}{nm-1}\sum_{i=1}^{n}\sum_{j=1}^{m}\frac{(y_{ij}-\widehat{\beta}M_j)^2}{M_j^2} \quad (4.6)$$

で与えられ，これらを用いて SN 比を計算するとよい． □

[52] 相対誤差一定のモデルに対する 2 段階設計法の妥当性については，河村・高橋 (2013) の第 4 章【補足】を参照されたい．

4.3 動特性に対するパフォーマンス測度モデリング

【考察】 図 4.8 に示す半正規プロットより傾き $\widehat{\beta}$ および動特性の SN 比 $\widehat{\gamma}_T$ に効果のある因子を選択する．図 4.8 を見ると，傾きに対して効果の大きな因子は C であり，SN 比に対しては因子 B, D の効果が大きい．これは前掲の要因効果図および分散分析の結果と一致する．

S-RPD を用いた解析（半正規プロット）

- メニューにある [アドイン] の [S-RPD] → [分析] → [モデリング/分散分析] → [L&D モデル] をクリックし，"ゼロ点比例式の SN 比" にチェックを入れて [OK] ボタンを押す．
- 次に，【予測式の確認】→【傾き】の左にある三角ボタン ▽ をクリックすることで，図 4.8 と同様の半正規プロットが表示される．同様に，【ゼロ点比例式の SN 比】に対しても行うとよい．

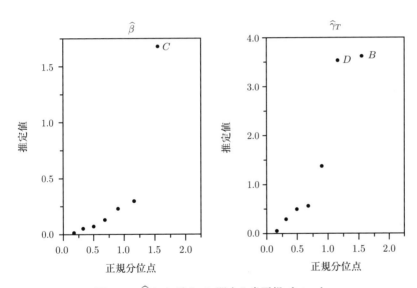

図 4.8 $\widehat{\beta}$ および $\widehat{\gamma}_T$ に関する半正規プロット

これより，モデリングによる $\widehat{\beta}$ および $\widehat{\gamma}_T$ の予測式はそれぞれ

$$\widetilde{\beta} = 7.462 + 1.694 x_C \tag{4.7}$$

$$\widetilde{\gamma}_T = -5.499 - 3.651 x_B + 3.562 x_D \tag{4.8}$$

で与えられるので，SN 比解析と同様に最適化を行うとよい．すなわち，第 1 段階で SN 比の効果が大きい因子 B と D によって SN 比を最大化する．

(4.8) 式より最適水準は $B_{-1}D_1$ となる．因子 B と D で SN 比を大きくした後，第 2 段階において調整因子 C により傾きを最大にする．このとき，因子 C を第 2 水準（$x_C^* = 1$）とすれば傾き $\widetilde{\beta}$ は 9.15625 となる．ここで，変数選択で選ばれなかった因子 A については特に水準設定の必要はない．因子 A を含めた主効果のみのフルモデルも可能であり，この場合には SN 比解析と完全に一致する． □

S-RPD を用いた解析（変数選択後の分散分析および予測式）

- メニューにある [アドイン] の [S-RPD] → [分析] → [モデリング/分散分析] → [L&D モデル] をクリックする．次に，乖離の測度として "ゼロ点比例式の SN 比" を選択し，[OK] ボタンをクリックする．

- デフォルトでは，自由度調整済み寄与率 R^{*2}（追加・除去の閾値を 0.01）によって形式的に変数選択を行っている．また寄与率や情報量規準（AIC や BIC）ではなく，半正規プロットによる変数選択に基づいて手動で効果を選択する場合には，【予測式の確認】→【変数選択】→【傾き】を選択し，"変数選択" の左端のボックスにチェックをするとよい．

- 前述した結果と同じにするには，傾き $\widehat{\beta}$ に関しては，半正規プロットにより，因子 C のみ手動で選択する．

- ゼロ点比例式の SN 比 $\widehat{\gamma}_T$ に関しては，半正規プロットにより因子 B, D を手動で選択する．これにより，それぞれ選択後の分散分析およびパラメータの推定値（推定式）が表示される．(4.7) 式および (4.8) 式は【パラメータの推定値】をクリックすることで，各推定値が得られ，この表に基づいて定式化している．

- 「あてはまりの要約」には変数選択後の寄与率 R^2，自由度調整済み寄与率 R^{*2} および情報量規準である AIC, BIC なども出力されている．

- SN 比解析と同様に，要因（因子）の分散分析表もあわせて出力されている．

- 最後に，後の最適化計算をするために必要になるため，【L&D モデル/分散分析】→ [予測変数の保存] をクリックし保存しておく．

S-RPD を用いた解析（L&D モデリングによる 2 段階設計法）

- メニューの [アドイン] の [S-RPD] → [分析] → [最適化] をクリックする．第 1 段階で因子 B, D を用いてばらつきを低減するため，"傾き"の目標を [なし] および "ゼロ点比例式の SN 比"の目標を [最大化] し，[最適化] ボタンをクリックする．
- 次に，【制御因子の水準値】の因子 B, D のロックにチェックし，"傾き"の目標を [最大化] にして [最適化] ボタンを押すと図 4.9 が得られる．ここで効果の小さい因子 A は用いていないことに注意する．このとき，傾きおよび SN 比の推定値（および信頼上下限）の計算結果もそれぞれ表示されている．

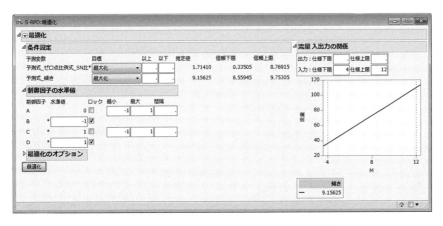

図 4.9　L&D モデリングによる 2 段階設計法

4.4 ゼロ点比例式における応答関数モデリング

本節では，ゼロ点比例式を想定し，母数を制御因子と誤差因子の関数とした応答関数モデリング (RFM：Response Function Modeling) を行う．

特性 Y の傾き β が制御因子 $x = (x_1, x_2, \ldots, x_p)$ と誤差因子 N の関数で与えられているとする．信号因子 M は既知定数とし，次のゼロ点比例式モデル

$$Y = \beta(x, N)M + \varepsilon, \quad \varepsilon \sim N(0, \sigma^2) \tag{4.9}$$

を想定する[53]．

母数 $\beta(x, N)$ を望目特性の場合と同様に平均パート $L(x)$ と乖離パート $D(x)$ の和として表現し，誤差因子 N としてダミー変数 $z(=\pm 1)$ を用いて表すと

$$\beta(x, N) = L(x) + D(x)z \tag{4.10}$$

となる．ただし，本事例では 2 水準なので，$L(x)$ および $D(x)$ は (2.16) 式で与えられる **1 次モデル**を仮定する[54]．

母数 $\beta(x, N)$ の推定式を次のように求める．ここでは誤差因子が 1 因子 2 水準の場合を述べる．まず，制御因子が規定する処理条件で誤差因子の水準別に (4.5) 式で与えられる傾き β_i の推定値 $\widehat{\beta_i}$ を計算する．

次に，(4.9) 式のもとで制御因子と誤差因子の関数である $\widehat{\beta_i}$ を解析データとみなし，最小 2 乗法を用いて推定式（予測モデル）を求めると

$$\widetilde{\beta}(x, N) = \widetilde{L}(x) + \widetilde{D}(x)z \tag{4.11}$$

が得られる．

ゼロ点比例式を想定した応答関数モデリングによる 2 段階設計法は，望目特性の場合と同様に，傾きの平均パート $L(x)$ および乖離パート $D(x)$ を用いて次のように表現でき，これらを満たす最適な制御因子 x^* を決めることが目的となる．

> (i) 乖離パート $|D(x)|$ を最小にする条件を制御因子の水準組合せで見出す．
> (ii) 調整因子により，平均パート $L(x)$ を目標値に合わせる．

---

[53] タグチメソッドでは，通常モデルとは呼ばない．ここでは，技術者が行ったシステム選択が妥当であったか否かについて，データに基づいて「あるがままの姿」を帰納的に認識するという立場である．一方，技術モデルとしてゼロ点比例式を採用すれば，モデルを想定した議論とほとんど変わらない．

[54] 望目特性と同様に，制御因子間の交互作用を含むモデルを想定することも可能である．しかし，現行条件がない技術開発段階で主効果があるかどうかもわからない状況で，さらに高次の現象である交互作用を事前に想定できるとは考えにくい．交互作用があるということは，その因子の効果があり，かつその因子の水準で異なるという現象を意味する．交互作用の効果を知りたければ要因配置実験を行えばよい．源流段階では，なるべく制御因子を多く割り付けるほうが効率的である．

【実データ解析】 応答関数モデリングを行うため，準備として制御因子が規定する各処理条件で誤差因子の水準別に $\hat{\beta}_1$ および $\hat{\beta}_2$ を計算する．その結果を表 4.7 に示す．

表 4.7 $\hat{\beta}_i$ の水準別の推定値

No.	N_1 $\hat{\beta}_1$	N_2 $\hat{\beta}_2$
1	4.48	6.63
2	9.09	10.25
3	4.89	7.30
4	6.21	10.66
5	5.30	5.86
6	7.41	10.18
7	3.48	8.20
8	7.89	11.55

── S-RPD を用いた解析（$\hat{\beta}_i$ の水準別の推定値）──────

[S-RPD] → [分析] → [モデリング/分散分析] → [応答（関数）モデル] をクリックする．$\hat{\beta}_1$ および $\hat{\beta}_2$ の計算結果は【予測式の確認】→【応答値】の左にある三角ボタン ▽ を押すことで表示される．

図 4.10 に示す半正規プロットにより $\hat{\beta}$ に影響する因子を視覚的に特定する．

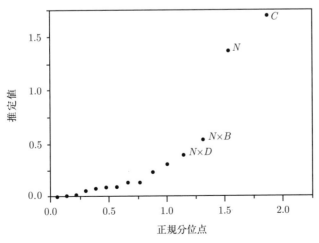

図 4.10 $\hat{\beta}$ に関する半正規プロット

図 4.10 を見ると，平均に対して効果の大きな因子は C であり，B および D は乖離パートに対しても大きな効果をもつ．すなわち，因子 C は調整因子である．

一方，**自由度調整済み寄与率**により変数選択した後の母数の予測式は

$$\widetilde{\beta} = 7.4621 + 0.0625x_B + 1.6942x_C + 0.3058x_D \\ + (-1.3661 - 0.5379x_B + 0.3929x_D)z \tag{4.12}$$

で与えられる．ただし，追加と除去の閾値を 3.0% としている．

S-RPD を用いた解析（応答関数モデリング）

- メニューの [アドイン] の [S-RPD] → [分析] → [モデリング/分散分析] → [応答（関数）モデル] をクリックすると，図 4.11 のように寄与率 R^2 および自由度調整済み寄与率 R^{*2} のグラフが表示される．その下に制御因子と誤差因子に効果のある因子が p 値によって分類され，視覚化されている．効果の小さい因子 B および D が選択されているのは，高次の交互作用 $B \times N$，$D \times N$ が選択されているからである．
- デフォルトでは，自由度調整済み寄与率 R^{*2}（追加・除去の閾値を 0.01）としているので，変更する場合には【予測式の確認】→【変数選択】の $[R^{*2}]$ を選択して規準を設定するとよい．本事例では閾値を 0.03 としている．
- 半正規プロットを見ながら，手動で変数選択をする場合には「変数選択」における要因（因子）のボックスにチェック入れるとよい．これより，表 4.8 と同様の変数選択後の分散分析が表示される．
- 【パラメータ推定値】→【傾き】の左にある三角ボタン ▽ をクリックすることで，(4.12) 式はこれらをもとに定式化したものである．
- 最後に，最適化計算をするために【応答（関数）モデリング/分散分析】→ [予測変数の保存] をクリックして保存しておく．

表 4.8 に変数選択後の分散分析表を示しておく．表 4.8 を見ると，傾き β に関する平均パートの効果は因子 C が大きい．乖離パートに関する効果は因子 B および D が大きい．

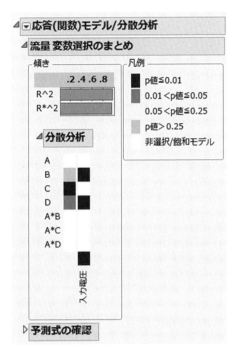

図 4.11 応答モデリングによる寄与率および効果の視覚化

表 4.8 変数選択後の傾き $\tilde{\beta}$ に対する分散分析表

要因	平方和	自由度	平均平方	F 値	p 値	R^2
B	0.0625	1	0.0625	0.297	0.5992	0.00
C	45.9248	1	45.9248	218.029	<.0001	52.95
D	1.4963	1	1.4968	7.103	0.0258	1.49
N	29.8584	1	29.8584	141.753	<.0001	34.34
$N \times B$	4.6302	1	4.6302	21.982	0.0011	5.12
$N \times D$	2.4694	1	2.4694	11.723	0.0076	2.62
モデル	84.4416	6	14.0736	66.815	<.0001	96.51
e	1.8957	9	0.2106			3.49
T	86.3374	15				

　本章では，SN比解析によって得られた条件と統計モデルアプローチによる最適条件とを比較する．本事例の目的は誤差因子による乖離を減衰させ，傾きを十分に急にすることである．このためのシナリオは以下のとおりである．

> **シナリオ 1** （SN 比解析による最適条件：$A_1B_1C_2D_2$）

　SN 比解析で求められた最適条件を (4.12) 式の予測式に代入し，平均および乖離を定量的に把握する．まず (4.12) 式により傾き $\widetilde{\beta}$ の乖離は因子 B, D によって低減できることがわかる．ここで，因子 B を第 1 水準 ($x_B = -1$)，D を第 2 水準 ($x_D = 1$) とすれば範囲は最小となる．実際，傾きの乖離パート $\widetilde{D}(x)$ は -0.4353 となる．そのうえで因子 A を第 1 水準 ($x_A = -1$)，C を第 2 水準 ($x_C = 1$) とすれば傾きの平均パート $\widetilde{L}(x)$ は 9.400 となる． ∎

S-RPD を用いた解析（SN 比解析による最適化）

- メニューの [アドイン] の [S-RPD] → [分析] → [最適化] をクリックする．シナリオ 1 では SN 比解析で得られた最適条件 ($A_1B_1C_2D_2$) を応答関数モデリングを通じて平均および範囲を確認する．
- まず，【制御因子の水準値】の各因子 A, B, C, D の"ロック"にチェックする．
- 設定値を $x_A^* = -1, x_B^* = -1, x_C^* = 1, x_D^* = 1$ を直接，入力する．このとき乖離パートおよび平均パートの推定値（信頼上下限）が計算結果が表示され，対応したグラフが図 4.12 である．

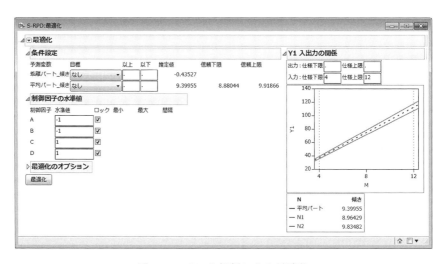

図 4.12　SN 比解析による最適化

シナリオ 2 （応答関数モデリングによる 2 段階設計法）

(4.12) 式を用いて最適設計を行う．2 段階設計法の第 1 段階で，因子 B および D を用いてばらつきを最小化する．ここで，因子 B を第 1 水準 ($x_B^* = -1$) および因子 D を第 2 水準 ($x_D^* = 1$) とすれば，(4.12) 式の乖離は最小となる．実際，(4.12) 式に $x_B^* = -1$ および $x_D^* = 1$ を代入すれば，傾きの乖離パート $\widetilde{D}(x)$ は 0.4353 となる[55]．

次に，これらの水準を固定し，因子 C によって傾きの平均を最急にするために水準を $x_C^* = 1$ とする．このとき $\widetilde{\beta}$ は 9.400 となり，最急になることがわかる．なお，本事例の場合には，応答関数モデリングによる最適化は，シナリオ 1 の SN 比解析による最適条件と一致していることに注意されたい．

以上により，2 段階設計法による最適水準は

$$x_B^* = -1,\ x_C^* = 1,\ x_D^* = 1\ (B_1 C_2 D_2)$$

となる．ここで，変数選択で選択されなかった（効果の小さい）因子 A については特に水準設定の必要はない． ■

[55] パラメータ設計において，最適条件は実験の水準点である必要はなく，量的因子の場合には内挿のみならず（多少の）**外挿**も可能である．河村・高橋 (2013) の第 4 章では外挿を行ったときの最適条件を示しているので，こちらも参照されたい．

S-RPD を用いた解析（応答関数モデリングによる最適化）

- メニューの [アドイン] の [S-RPD] → [分析] → [最適化] をクリックする．まず，"乖離パート（傾き）"の目標を [最小化] し（ばらつきを最小化），"平均パート（傾き）"の目標を [なし] とし，[最適化] ボタンをクリックする．このとき，誤差因子に効果のある因子 B および D に * がマークされている．第 1 段階の最適化が終了したら，これらの因子を固定（ロック）する．
- これらの水準値を固定したもとで，第 2 段階で "平均パート（傾き）" の目標を [最大化] とし，[最適化] ボタンをクリックすれば，図 4.13 が出力される．因子 A は変数選択されてないので最適化には影響していない．
- 図 4.13 には，それぞれの推定値が表示され，その右側に最適化後の推定値がグラフ化されている．

4 動特性のパラメータ設計

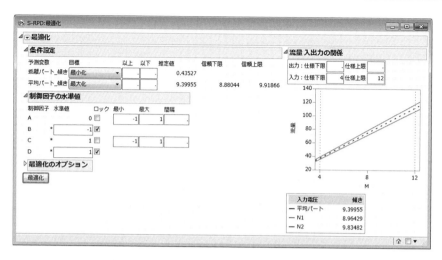

図 4.13 応答関数モデリングによる最適化

5 統計的品質管理

　本章では，問題解決型QCストーリーに基づく統計的品質管理を説明する．統計的品質管理では，観察データを用いて，ばらつきの原因を発見し，その原因をコントロールすることで品質特性のばらつきを低減する．ただし，「原因の除去」の対策は，固有技術的に改善活動が行われ，その効果が確認できたら終了となる．
　本章の解析ストーリーは次の通りである．

1. 現状分析：結果系の不適合現象を分類し，パレート図を用いて現状把握を行う．このとき，重点指向の考え方に基づき問題となる品質特性のヒストグラムによる視覚化，ねらい値とのズレ，ばらつき具合など現状を定性的・定量的に分析する．
2. 単回帰分析・相関分析：要因解析のための単回帰モデルを想定し，ばらつきの低減を行う．ここでは，目的変数と相関の高い説明変数を「変量」とみなし，その分散が小さくなるように改善活動を行う．最後に，要因のばらつきを一定にコントロールした後の工程能力指数を求め，改善効果を確認する．

5.1 食パンの焼き上がりの品質改善

品質管理の分野では,品質改善を効率的に行っていくためのステップが問題解決型 QC ストーリーとしてまとめられている[56].QC ストーリーの始まりは,QC 七つ道具[57]の一つであるパレート図を用いた現状把握である.パレート図によって望ましくない事象,つまり不適合,不具合の件数あるいはそれによる損失額を結果系の現象に基づいて分類し,現状を分析する.

例えば,食パン製造工場におけるパンの焼き上がりの品質改善であれば,焼き上がり重量,焼きムラなどという属性は結果系である.一方,生地の重量,生地の種類,焼き時間,あるいはパンを焼く製造機械が複数あるときに,どの機械でパンを焼いたかという属性は要因系である[58].結果系である不適合現象の項目をチェックシートを用いて整理し,食パンの焼き上がりの不適合現象別に分類したパレート図が図 5.1 である.

[56] SQCは単なる統計学の品質管理への応用ではなく,問題発見・解決の科学である.事実(データ)に基づいて「こうではないか」という仮説(モデル)を立て,データとモデルとの乖離から問題を発見し解決する"問題解決学"そのものである.

[57] QC 七つ道具には,パレート図の他に,チェックシート,管理図,ヒストグラム,特性要因図,散布図,グラフがある.品質改善の多くは,高度な統計手法を用いなくてもこれらの道具を合わせ技で使いこなすことで達成できるといわれている.

[58] 現象を結果系について場合分けして,何らかの特徴を抽出する.次に要因系による場合分けをして,それらの関連性を調べる(順番が大事!).これら 2 つの場合分けを組み合わせることで,問題解決の発見・解決の近道となる.

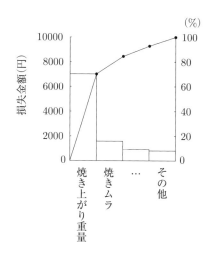

図 5.1　焼き上がり不適合のパレート図

【考察】図 5.1 を見ると,焼き上がり重量のばらつきによる損失金額が全体の 70%を占めており損失の原因のトップである.

> **JMPを用いた解析（パレート図）**
> - 焼き上がり重量や焼きムラなどの不適合現象（原因）とその度数（損失金額）を組にしたデータセットを作成する．
> - メニューの [分析] → [品質と工程] → [パレート図] を選択すると，図5.2のようなダイアログが出力される．
> - 焼き上がり重量やムラなどの不適合現象を [Y，原因] に指定し，次に，損失金額を［度数］と選択し [OK] をクリックすると，図5.1のようなパレート図が表示される．

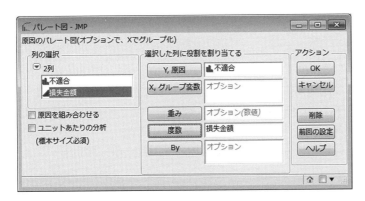

図 5.2　JMPによるパレート分析のためのダイアログ

これより，**重点指向**の考え方に基づき，焼き上がり重量のばらつきを低減することがQCストーリーの始まりとなる[59]．問題となる結果系の特性について，その要因系を整理したものが**特性要因図**である[60]．この図を作成するためには，まず，特性を焼き上がり後の重量という物理的代用特性にしたとき，重量が変動する要因を列挙し，作用する時間的順序によって書き表していく．このように，**変動要因解析**において特性要因図を作成することは「原因想定」を行う第一歩として有効である．

【実データ解析】焼き上がり重量の品質改善：ある食品工場の食パンの焼き上がり重量の規格値は300±5 [g] である．現状の工程から表5.1に示すように40個のデータを得た．このデータをもとに工程能力を評価し，品質改善の必要性を検討してみよう．

[59] SQCでは，重点指向に基づきコントロールできる見逃せない原因（可避原因:assignable cause）を抽出し，そのばらつきを低減することが目的となる．

[60] 特性要因図は，提案者の石川馨博士にちなんで石川ダイアグラムあるいはその形状から魚骨図 (fish-bone chart) と呼ばれており，定性的に因果解析をするツールとして知られている．

表 5.1 焼き上がり重量のデータ

No.	製品重量	No.	製品重量	No.	製品重量	No.	製品重量
1	307	11	306	21	294	31	298
2	305	12	304	22	300	32	314
3	303	13	303	23	298	33	296
4	302	14	305	24	301	34	302
5	308	15	303	25	294	35	303
6	300	16	307	26	302	36	300
7	306	17	297	27	299	37	301
8	306	18	301	28	303	38	300
9	304	19	310	29	300	39	304
10	303	20	301	30	299	40	306

表5.1のデータから**要約統計量**として平均,分散,標準偏差,変動係数,レンジ,歪度,尖度を計算する.その結果を表5.2に示す.平均は位置を表す指標,分散,標準偏差および変動係数は,ばらつきを表す指標である.歪度および尖度は正規分布と比較して,どれくらい歪んでいるか,あるいはどれくらい尖っているかを表す指標である.

表 5.2 要約統計量

平均	分散	標準偏差	レンジ	変動係数	歪度	尖度
302.375	16.702	4.09	20	0.0135	0.285	0.814

JMP を用いた解析(要約統計量およびヒストグラム)

- 表5.1の「一変量のデータセット」を作成する.
- メニューの[分析]→[一変量の分布]を選択すると,図5.3のようなダイアログが表示される.
- 品質特性である「焼き上がり重量」を[Y, 列]に指定し,[OK]ボタンをクリックすることで,ヒストグラムと要約統計量が表示される.
- 表5.2で取り上げた要約統計量の他にも,【要約統計量】の左の三角ボタン▽を押し,要約統計量をカスタマイズして追加表示することも可能である.

図 5.3 JMP によるヒストグラム作成のためのダイアログ

(1) 現状把握：ヒストグラムによる見える化

焼き上がり重量の中心値やばらつきを視覚的に現状を分析する．度数分布表に基づき縦軸に度数，横軸に単位を記入し区間をとって，**ヒストグラム**を描く．

そして，標本平均と上側規格 S_U，下限規格 S_L を記入し，データの中心位置，ばらつきの大きさ，分布の形状，ねらい値や規格値との比較，異常値があるかどうかなどを考察する[61]．重量のヒストグラムを描くと図 5.4 のようになる．

[61] 規格値を横軸に記入することで，「あるべき姿」とのギャップを認識することができる（現状把握）．

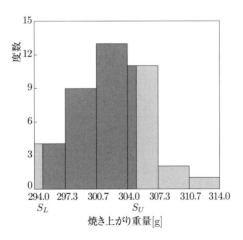

図 5.4 焼き上がり重量のヒストグラム

例えば，ヒストグラムの形状がふた山型であれば，2つの母集団分布が混合したものになっていて母集団分布が正しく想定されていない可能性が強い．その場合には，どのような母集団が混ざり合っているかを特定し，それらを要因系で**層別**して解析を行うとよい．仮に焼き上がり重量がふた山になっている場合，**層別因子**は焼き時間（時間と水分量の関係）や焼く機械の種類などが考えられるだろう[62]．このように，1枚のヒストグラムを見るだけでなく，層別因子（条件）によって層別前と層別後での2枚の図に分けて比較することこそ，問題解決の糸口になるのである[63]．

【考察】図5.4のヒストグラムを見ると，焼き上がり重量はねらい値あたりを中心にほぼ左右対称に分布していることがわかる．

(2) 統計解析：統計的検定による「差」の検討

次に，ねらい値と平均値に差があるかどうかを統計的に判定するため，平均値の差の検定を行ってみよう[64]．ここでは「母分散が未知の場合の一つの母平均の検定」（平均値に関する t 検定）を行う．

帰無仮説 $H_0 : \mu = \mu_0$（ねらい値：$\mu_0 = 300$）のもとで，先ほど計算した平均値 $\bar{y} = 302.375$，分散 $V = 16.702$ を用いて**検定統計量** t_0 の値を計算すると

$$t_0 = \frac{\bar{y} - \mu_0}{\sqrt{V/n}} = \frac{302.375 - 300}{\sqrt{16.702/40}} = 3.675$$

となる．帰無仮説 H_0 のもとで t_0 は自由度 $n-1$ の **t 分布**に従い[65]，棄却域 $|t_0| \geq t(39, 0.01)$ とすれば t 値は 2.708 なので 1% で有意となる[66]．

【考察】平均値 (302.375) とねらい値 (300) は統計的にズレていることが確認できる．

JMP を用いた解析（平均値に関する t 検定）

- メニューの [分析] → [一変量の分布] を選択し，「焼き上がり重量」を [Y, 列] に指定し，[OK] ボタンをクリックすることで，図5.3が表示される．
- 【焼き上がり重量】の左の三角ボタン▽を押し [平均の検定] を選択するとダイアログが表示される．
- ダイアログの中の「仮説平均を指定」で，ねらい値を [300] と入力し [OK] を押すことで，図5.5のように [平均の検定] の出力結果が表示される．

---

[62] 一般に，層別前後で分布の形状が大きく異なるような因子こそ，有効な層別因子といえる．層別因子を利用した統計解析は第6章で述べる．

[63] QC七道具は層別と組み合わせることで，いっそう強力なツールとなる．

[64] これはねらい値と平均値とは差がない，という仮説をもとにデータから確率的矛盾を導くものである（確率的背理法）．

[65] W.S. Gosset (1876–1937) は t_0 値の分布が母数に依存せず，サンプル数 n のみに依存することを示した．この分布は彼のペンネームであるスチューデントの t 分布として知られている．

[66] 有意水準として設定される 1% や 5% は，検定統計量 t_0 値の大きさを評価するための目安となる値に過ぎず，絶対的な意味はない．多くの統計ソフトでは，自由度 ϕ の t 分布の両側 $100\alpha\%$ 点，$\Pr\{|t_0| \geq t(\phi, \alpha)\} = p$ を満たす p 値として出力されているので，これを目安とするとよい．ここで p 値が 0.01 未満なら 1% 有意を意味する．

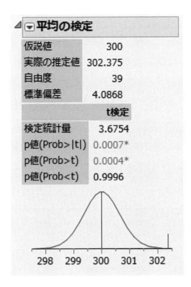

図 5.5 JMP による平均値に関する t 検定

(3) 統計解析：工程能力指数を用いたばらつきの評価

品質管理において，工程の品質水準に対する指標として**工程能力指数** C_p が広く用いられている．上側規格を S_U，下側規格を S_L としたとき，規格幅とばらつき（標準偏差 s）を対比した量である $\widehat{C}_p$ は

$$\widehat{C}_p = \frac{(S_U - S_L)}{6s}$$

で定義される[67]．

工程能力は，一般に工程能力指数 C_p を用いて次のように判定する．

- $C_p \geq 1.33$ なら工程能力は十分ある．
- $1.00 \leq C_p < 1.33$ なら工程能力はそこそこある．
- $C_p < 1.00$ なら工程能力は不足している．

以上により，焼き上がり重量のデータのもとで工程能力指数 $\widehat{C}_p$ を算出すると 0.408 を得る[68]．

【考察】重量のばらつきが大きく工程能力が不足している状況である．

[67] この C_p は両側に規格があり，母平均がねらい値（規格の中心）にある場合，または母平均の調整が容易な場合に用いる．

[68] この工程能力指数は一つの統計量であり，これ自身ばらつきを持つ．特に小標本の場合には注意が必要である．

> **JMPを用いた解析（工程能力指数の計算）**
>
> - メニューの[分析] → [一変量の分布]を選択し，「焼き上がり重量」を[Y, 列]に指定し，[OK]ボタンを押すと図5.3のようなダイアログが表示される．
> - 【焼き上がり重量】の左の三角ボタン▽を押し[工程能力分析]を選択すると，ダイアログが表示される．
> - ダイアログの中の「下側使用限界」「目標値」「上側」にそれぞれ「295」，「300」，「305」と入力し[OK]をクリックすることで，図5.6が表示される．

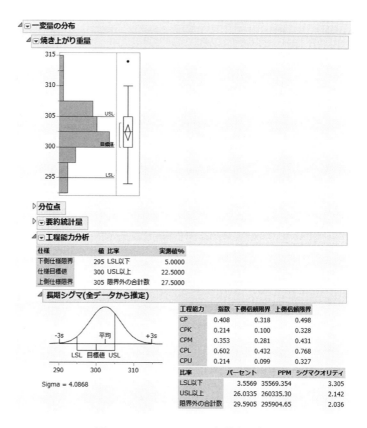

図 5.6　JMPによる工程能力分析

5.2 単回帰分析：平均値調整の方法

(1) 散布図による要因分析

焼き上がり重量という代用特性について特性要因図を作成したところ，1次要因として生地の重量，焼き時間などが挙がってきたので，これらの要因を横軸に，特性である焼き上がりの重量を縦軸にとった**散布図**を作成する[69]．

生地の重量 x [g] と焼き上がり重量 y [g] の関連性を検討するために，表5.3 に示す 40 個のデータを得た．

[69] ここで要因と特性は別々に測るのではなく，常に「対応させた形」でそのデータをとらなければならないという点に注意しなければならない．

表 5.3 生地の重量と焼き上がり重量の対データ

No.	x	y	No.	x	y	No.	x	y	No.	x	y
1	351	307	11	352	306	21	348	294	31	347	298
2	352	305	12	349	304	22	350	300	32	356	314
3	350	303	13	349	303	23	349	298	33	347	296
4	348	302	14	352	305	24	349	301	34	350	302
5	354	308	15	352	303	25	350	294	35	351	303
6	349	300	16	349	307	26	345	302	36	349	300
7	354	306	17	349	297	27	350	299	37	352	301
8	351	306	18	349	301	28	352	303	38	351	300
9	353	304	19	355	310	29	348	300	39	351	304
10	351	303	20	349	301	30	349	299	40	349	306

要因系である生地の重量を縦軸に，結果系である焼き上がり重量を横軸にとって図5.7 のように散布図を描く．

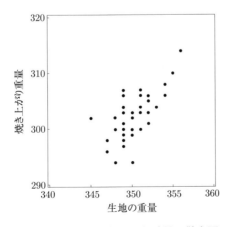

図 5.7 生地と焼き上がり重量の散布図

【考察】図 5.7 を見ると，生地重量 x の増加によって，焼き上がりの重量 y は直線的に増加していることがわかる．

JMP を用いた解析（散布図および相関係数）

- 表 5.3 の「二変量のデータセット」を作成する．
- メニューの [分析] → [二変量の関係] を選択すると，図 5.8 のようなダイアログが表示される．
- 目的変数である「焼き上がり重量」を [Y, 目的変数] に指定し，説明変数である「生地重量」を [X, 説明変数] に指定し，[OK] をクリックすると，図 5.9 のような散布図が表示される．
- 散布図の中の楕円は【生地重量と焼き上がり重量の二変量の関係】の左にある三角ボタン ▽ をクリックし，[確率楕円]（例えば 0.95 とする）を選択することで出力される．
- 散布図の下の【相関】をクリックすると，相関係数などが表示される．

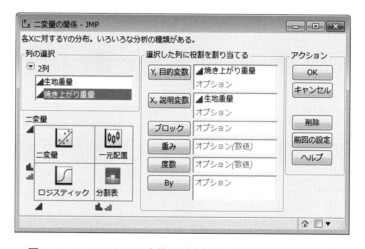

図 5.8　JMP による二変量関係を解析するためのダイアログ

このとき，x と y の**相関係数** R は 0.683 である．これは生地の重量を一定にコントロールできれば焼き上がり重量の分散に比べて，コントロール後の焼き上がり重量の分散を $R^2 = 0.683^2 \fallingdotseq 0.47$，すなわち 47% 程度しか低減できないことを意味する．

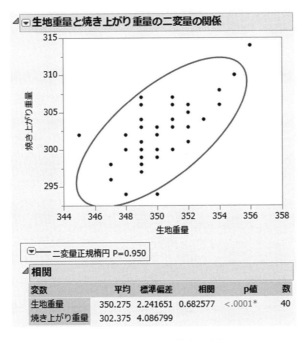

図 5.9 JMP による散布図と相関

(2) 統計解析：要因解析のための単回帰分析

データから，その品質特性に影響を与える要因系の原因を探したいという目的において有効な解析手法となるのが**回帰分析**である．特に，この事例のように説明変数が一つのときは**単回帰分析**と呼ばれる．

単回帰分析では，目的変数 y と説明変数 x の間に

$$y_i = \beta_0 + \beta_1 x_i + \varepsilon_i, \quad \varepsilon_i \sim N(0, \sigma^2) \tag{5.1}$$

という**単回帰モデル**を想定する[70]．

このとき，単回帰式の推定式は

$$\text{焼き上がり重量 } \hat{y} = -133.514 + 1.244 \times \text{生地重量 } x \tag{5.2}$$

で求められ，回帰直線を図示すると図 5.10 のようになる．**回帰係数** β_1（生地重量）の p 値を見ると 1% で有意である．

図 5.10 の散布図の回帰直線のまわりにある 4 本の曲線は，95% の**予測区間**（外側）と**信頼区間**（内側）を表す．平均値 $\bar{x}$ 付近が一番狭く，平均値から離れるにつれて幅が広くなっていることに注意されたい．信頼区間は (5.2) 式

[70] SQC では，データを見逃せない（可避）原因と偶然原因に分ける．(5.1) 式で与えられる正規線型モデルは，可避原因の構造として要因（説明変数）x に対して平均構造 $\beta_0 + \beta_1 x$ を採用している．このとき，第 1 章でも述べたように，要因 x をコントロールして特性 y のばらつきを低減するのである．また ε は説明変数（要因）x で説明できない目的変数 y との誤差である．

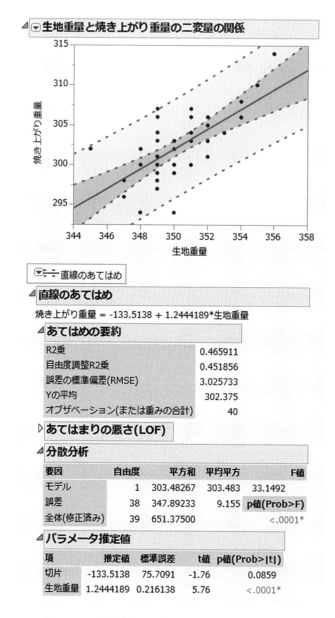

図 5.10 生地重量と焼き上がり重量の単回帰分析

において $x = x_0$ としたときの回帰直線上の点が存在しそうな範囲を示したものである．一方，データは誤差を含んでいるため，これを考慮して作成したものが予測区間である．予測区間は誤差の変動を考慮しているため，一般に信頼区間よりも存在範囲は広い．

> **JMP を用いた解析（単回帰分析）**
> - メニューの [分析] → [二変量の関係] を選択すると，図 5.8 のようなダイアログが表示される．
> - 目的変数である「焼き上がり重量」を [Y, 目的変数] に指定し，説明変数である「生地重量」を [X, 説明変数] を指定し，[OK] をクリックすると，図 5.9 のような散布図が表示される．
> - 【生地重量と焼き上がり重量の二変量の関係】の左にある三角ボタン▽をクリックし，[直線のあてはめ] を選択すれば単回帰分析の出力結果が図 5.10 のように表示される．
> - 図 5.10 における信頼区間および予測区間は，散布図の下の「直線のあてはめ」の左にある三角ボタン▽をクリックし，[回帰の信頼区間] と [個別の値に対する信頼区間] を選択すると表示される．さらに [残差プロット] を選択することで，図 5.11 のように「診断プロット」が出力され回帰診断も可能となるので検討するとよい．

さて，(5.2) 式で与えられる回帰式の推定式の左辺に，焼き上がり重量のねらい値である 300 を代入すると，生地のねらい値（平均値）は**逆推定**により 348.37 と決まるが，寄与率が低いので参考にとどめる[71]．

【**考察**】現状の生地重量の平均値が 350.28 [g] なので，平均値を 1.9 [g] ほど減少させるような対策を講じる必要がある．

一方，回帰直線はデータの当てはまり具合にかかわらず形式的に求めることができる．そこで，回帰式の結果の寄与率と回帰することの意味について**分散分析**を行う．その結果は前掲の図 5.10 に示されている．これより F 値は 33.149 であり，回帰係数に関する F 検定は 1% 有意となる．

しかし，これは (5.1) 式で与えられる単回帰モデルが成り立ち，誤差 ε に関する**正規性**，**独立性**，**等分散性**の仮定が満たされたもとでの議論である．そこで，F 検定とは別にモデルの説明力を見るために寄与率 R^2 を計算することが多い．図 5.10 から寄与率 R^2 は 0.466 であり，それほどモデル適合度は高くない．

[71] 回帰分析では，形式的な要約統計量に基づく分散分析だけでは十分ではない．得られた回帰式の妥当性を検討するため残差分析などを合わせて行う．残差には，有効な情報が含まれており（残差が 0 の場合には統計学は不要であるといってよい），それを積極的に利用することで問題解決に繋がるケースが多い．

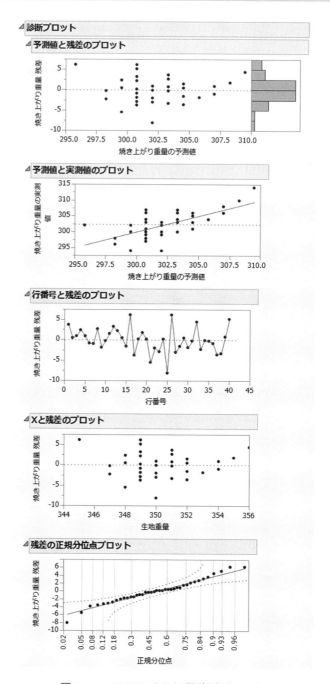

図 5.11　JMP による回帰診断プロット

5.3　相関分析：ばらつき低減の方法

1.2 節の「ばらつき低減のための対策 ①：原因そのものの除去」で述べたように，伝統的な統計的品質管理では，(1.4) 式における変量 x の分散 σ_x^2 を小さくすること（可能ならば $\sigma_x^2 \doteqdot 0$）で品質特性のばらつきを低減させるという対策を行う．このとき，どのような要因変数を用いると最も効果的であろうか．

F. Galton (1822–1911)[72] は，変数間にどの程度の関連性があるかを定量的に評価するために，要因変数 x の値を一定にコントロールすることで特性 y のばらつきがどの程度低減するかを調べ，このばらつきの低減率を**相関**と定義した．

その後，K. Pearson (1857–1936)[73] は，分散の減少率を利用した変量 x と y の関連性の尺度を提案した．それは，相関を 2 乗（寄与率）すると，平均値まわりの分散に対する回帰直線まわりの誤差分散の減少率になるというものであった．Pearson は散布図上で変量 x と y の直線的関連性がどの程度強いかを示す尺度として**相関係数**を次式で定義した．

$$R = \frac{\sum_{i=1}^{n}(x_i - \bar{x})(y_i - \bar{y})}{\sqrt{\sum_{i=1}^{n}(x_i - \bar{x})^2 \sum_{i=1}^{n}(y_i - \bar{y})^2}} \tag{5.3}$$

したがって，相関分析によるばらつきの低減には「x と y の相関（寄与率）が高い要因変数 x を用いると最も効果的である」ということになる．

【実データ解析】表 5.3 の生地重量と焼き上がり重量のデータを用いて，図 5.12 のように生地のばらつきをコントロールすることで，焼き上がり重量のばらつきを低減を行う．

生地重量のばらつきを一定にコントロール，すなわち「生地重量の標準偏差を 0 とした場合」の工程能力指数を求めてみよう[74]．生地重量のコントロール後の分散を 0 としたとき，焼き上がり重量のばらつきは，図 5.10 における**誤差の標準偏差** (RMSE) 3.026 として与えられている．

これより，生地の重量を一定にコントロールした後の工程能力指数は，

$$C_p = \frac{10}{6 \times 3.026} = 0.551$$

と求められる．

72) 1888 年に発表した論文で「相関」を r，標準化した変数を y と表した場合，要因 x をある値に固定したときの y のばらつきが $\sqrt{1-r^2}$ で表されることを示した．

73) この相関係数は，「Pearson の積率相関係数」と呼ばれている指標である．

74) SQC では偶然に見える変動要因の中で，コントロールできる可避原因を低減し，偶然原因のみに落とし込む．その偶然原因の誤差モデルとして正規分布を想定する．工程能力指数を用いた解析は，可避原因を取り除いた後の偶然原因のばらつきを評価する方法といってよい．

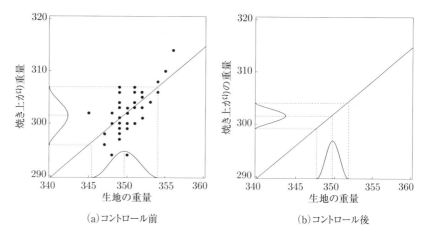

図 5.12　相関分析によるばらつきの低減

【考察】生地重量を固有技術的に一定にコントロールしても焼き上がりの重量のばらつきは大きく，工程能力指数も 0.551 と低いことがわかる．

【対策案】(i) 生地の重量を最適値にコントロールした後に，さらに管理項目を採り続ける．(ii) 要因変数として生地重量だけはなく他の変数（例えば焼き時間）を追加するなどして，**重回帰分析**の考え方を適用してみる．

6 変動要因解析のための回帰分析

本章では，変動要因解析のための回帰分析を説明する．ここでは，実験的研究ではなく観察データに対する統計的工程解析を中心に，ばらつき低減に対するアプローチを解説する．これらは，基本的に望目特性のロバストパラメータ設計によるばらつきの低減と同じアプローチであることも再認識してほしい．

本章のように，実験研究で得られたデータではなく，工程管理のような観察データにも回帰分析は有用である．ただし，観察データの場合には，交絡（複数の要因が交じり分離できないこと）している可能性があり，データの"質"という面では，人工的に生成された実験データに比べると劣る．一方，対応のあるデータ，層別したデータおよび形式的に要因実験とみなせるデータは，問題解決に役立つものといえる．

解析ストーリーは，前章とほとんど変わらないが，層別の重要性，それらを取り込んだダミー変数を用いた回帰分析の有効性を解説する．

6.1 塗装不良の品質改善

本章では，宮川 (2008) の pp.54–62 で紹介されている冷蔵庫の塗料不良を例にして，品質改善のための統計解析を解説する．統計解析による基本アプローチは興味ある現象を「分けて比較する」ことである．既に述べたように，まず結果系について場合分けし，何らかの特徴を把握する．次に要因系による場合分けを行い変動要因の解析を行う．

この例における流れ不良，ウス不良，ムラおよびキズという属性は**結果系**である．一方，吐出量，色，シンナー，機種などの属性は**要因系**である．そこで，結果系である不適合現象の項目を**チェックシート**を用いて整理し，図 6.1 のように塗料不良に関して，不適合現象別に分類した**パレート図**を作成する．

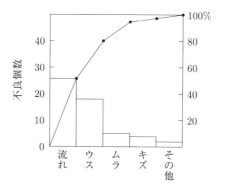

図 6.1　塗装不良に関するパレート図

【考察】流れ不良とウス不良が全体の 80% を占めていることがわかる．

流れ不良は膜厚が大きすぎるもので，ウス不良は逆に膜厚が小さすぎることによる不良である．これより塗料不良は物理的代用特性である中心膜厚のばらつきによって生じたものと考えられる．そこで，**重点指向**の考え方に基づき，結果系である膜厚のばらつきを低減することが品質改善の始まりとなる．

> **JMP を用いた解析（パレート図）**
>
> - 流れ不良やウス不良などの不適合現象（原因）とその度数（不良個数）を組にしたデータセットを作成する．
> - メニューの [分析] → [品質と工程] → [パレート図] を選択すると，図 6.2 のようなダイアログが出力される．
> - 流れ不良やウス不良などの不適合現象を [Y, 原因] に指定し，次に，不良個数を［度数］と選択し [OK] をクリックすると，図 6.1 のようなパレート図が表示される．

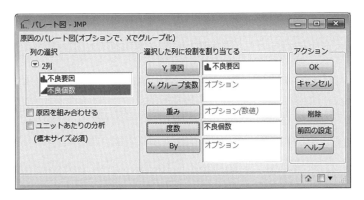

図 **6.2** JMP によるパレート図を作成するためのダイアログ

【実データ解析】冷蔵庫の塗装不良の品質改善：品質特性である中心膜厚の規格値は 32 ± 4 [μm] である．なお，この規格値の中心値 32 は流れ不良の閾値 36 とウス不良の閾値 28 の真ん中の値である．現状工程から表 6.1 に示すように 80 個の膜厚のデータを得た．このデータを統計解析し，対策案を検討してみよう．

まず，表 6.1 の中心膜厚のデータ $y_1, y_2, \ldots, y_n$ から**要約統計量**として，平均，分散，標準偏差，変動係数，レンジ，歪度，尖度を計算する．その結果を表 6.2 に示す．

表 6.1　中心膜厚のデータ

No.	膜厚	No.	膜厚	No.	膜厚	No.	膜厚
1	33.5	21	32.3	41	31.1	61	33.3
2	32.7	22	35.0	42	30.7	62	34.0
3	31.6	23	32.8	43	33.4	63	35.0
4	32.6	24	31.7	44	32.1	64	36.7
5	30.3	25	35.6	45	32.0	65	34.2
6	33.0	26	33.1	46	32.2	66	36.1
7	31.4	27	35.4	47	33.2	67	32.6
8	32.4	28	33.9	48	31.3	68	34.3
9	31.2	29	33.7	49	33.7	69	33.0
10	31.5	30	36.1	50	30.2	70	33.5
11	29.2	31	31.2	51	30.7	71	29.7
12	27.6	32	32.4	52	28.5	72	31.6
13	28.8	33	31.0	53	29.3	73	31.7
14	29.7	34	34.3	54	31.2	74	33.4
15	28.8	35	33.7	55	30.4	75	32.2
16	28.0	36	29.1	56	29.9	76	30.8
17	31.0	37	30.2	57	29.2	77	30.1
18	29.8	38	30.1	58	28.4	78	30.3
19	30.3	39	32.1	59	28.0	79	30.9
20	30.1	40	28.9	60	29.4	80	31.5

JMP を用いた解析（要約統計量およびヒストグラム）

- 表 6.1 の「一変量のデータセット」を作成する．
- メニューの [分析] → [一変量の分布] を選択すると，ダイアログが表示される．
- 品質特性である「膜厚」を [Y, 列] に指定し，[OK] ボタンをクリックすることで，ヒストグラムと要約統計量が表示される．
- 表 6.2 で取り上げた要約統計量の他にも，【要約統計量】の左の三角ボタン ▽ を押し，要約統計量をカスタマイズして追加表示することも可能である．

表 6.2　要約統計量

平均	分散	標準偏差	レンジ	変動係数	歪度	尖度
31.699	4.374	2.091	9.1	0.066	0.241	−0.479

(1) 現状把握：ヒストグラムによる見える化

膜厚の中心値やばらつきを視覚的に認識し現状把握を行う．膜厚のヒストグラムは図 6.3 のようになる．

【考察】図 6.3 のヒストグラムを見ると，膜厚は 32 あたりを中心にほぼ左右対称に分布していることがわかる．

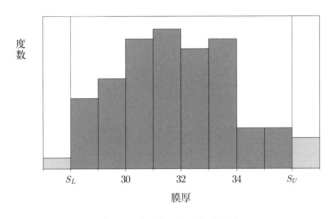

図 **6.3**　膜厚のヒストグラム

(2) 統計解析：統計的検定による「差」の検討

次に，ねらい値と平均値に差があるかどうかを統計的に判定するため，平均値の差の検定を行う．図 6.4 を見ると帰無仮説 $H_0 : \mu = \mu_0$（ねらい値：$\mu_0 = 32$）のもとで，検定統計量 t_0 の値は -1.288 である．このとき p 値は 0.2014 なので 5% で有意ではない[75]．

【考察】統計的にもほぼねらい値（中心値）に一致しているといえる．

[75] 例えば，データ数が小さい場合，μ と μ_0 に意味のある差があっても，$|t_0|$ の値が大きくならず，有意差を見出せないことがある．この場合には，**検出力**が小さかった可能性があるので注意しなければならない．

> **JMPを用いた解析（平均値に関するt検定）**
> - メニューの[分析]→[一変量の分布]を選択し，「膜厚」を[Y, 列]に指定し，[OK]ボタンをクリックする．
> - 【膜厚】の左の三角ボタン▽を押し[平均の検定]を選択するとダイアログが表示される．
> - ダイアログの中の「仮説平均を指定」で，ねらい値を「32」と入力し[OK]を押すことで，図6.4のような[平均の検定]の出力結果が表示される．

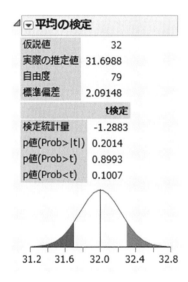

図 6.4　JMPによる平均値に関するt検定

(3) 統計解析：工程能力指数を用いたばらつきの評価

次に，膜厚のデータのもとで**工程能力指数** $\widehat{C}_p$ を算出すると

$$\widehat{C}_p = \frac{(36-28)}{6 \times 2.09} = 0.638$$

を得る．

【考察】平均はねらい値にほぼ一致しているもののばらつきが大きく工程能力が不足している状況であると確認できる．

―― JMPを用いた解析（工程能力指数の計算）――――――――――――

- メニューの[分析]→[一変量の分布]を選択し,「膜厚」を[Y,列]に指定し,[OK]ボタンを押す.
- 【膜厚】の左の三角ボタン▽をクリックし[工程能力分析]を選択すると,ダイアログが表示される.
- ダイアログの中の「下側使用限界」「目標値」「上側」にそれぞれ「28」,「32」,「36」と入力し[OK]をクリックすることで,図6.5が表示される.
- なお,データテーブルの列に「仕様限界」列プロパティを設定しておくと,「一変量の分布」を実行すると自動的にこれらの処理が行われる.

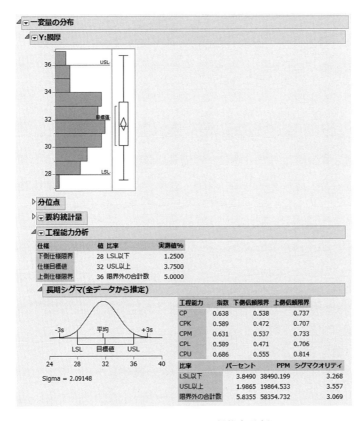

図 6.5　JMPによる工程能力分析

(4) 統計解析：層別因子による分布の比較

冷蔵庫には国内向けと海外向けの2種類，色およびシンナーの種類が2種類あるという．そこで，これらを**層別因子**として利用し，もう少し詳細に統計解析を行う．機種，色，シンナーで，これらすべての組合せ$2 \times 2 \times 2 = 8$通りの条件に層別し，**形式的に繰り返しのある3元配置データ**とみなす．これら層別因子で層別したデータを表6.3に示す．

表 **6.3** 層別因子を考慮した膜厚のデータ（3元配置データ）

		国内	国外
シンナー1	色1	33.5, 32.7, 31.6, 32.6, 30.3 33.0, 31.4, 32.4, 31.2, 31.5	31.1, 30.7, 33.4, 32.1, 32.0 32.2, 33.2, 31.3, 33.7, 30.2
シンナー1	色2	29.2, 27.6, 28.8, 29.7, 28.8 28.0, 31.0, 29.8, 30.3, 30.1	30.7, 28.5, 29.3, 31.2, 30.4 29.9, 29.2, 28.4, 28.0, 29.4
シンナー2	色1	32.3, 35.0, 32.8, 31.7, 35.6 33.1, 35.4, 33.9, 33.7, 36.1	33.3, 34.0, 35.0, 36.7, 34.2 36.1, 32.6, 34.3, 33.0, 33.5
シンナー2	色2	31.2, 32.4, 31.0, 34.3, 33.7 29.1, 30.2, 30.1, 32.1, 28.9	29.7, 31.6, 31.7, 33.4, 32.2 30.8, 30.1, 30.3, 30.9, 31.5

JMPを用いた解析（層別因子によるヒストグラム）

- 先ほどの一変量のデータに層別因子（機種，色およびシンナー）の情報を追加した，形式的に繰り返しのある3元配置データを作成する．
- メニューの[グラフ]→[グラフビルダー]を選択する．
- 特性の膜厚のデータに対して，層別因子（シンナー，色，機種）をそれぞれ組み合わせることにより，層別したヒストグラムを出力することができる．
- 例えば，シンナーで層別したヒストグラムを表示させるには「膜厚」を「X」のゾーンにドラック&ドロップして，ヒストグラムのアイコンを選択する．
- 次に層別因子である「シンナー」を「グループX」ゾーンにドラック&ドロップすると，図6.6のような層別因子したヒストグラムが出力される．他の層別因子（色，機種）に対しても同様である．

まず，8通りの条件で，結果系の品質特性である中心膜厚の分布を比較する．そこで，機種（国外・国内），色およびシンナーの種類で比較したヒストグラムを図6.6をそれぞれ示す．ただし，層別因子が複数あるときには，図6.7のように複数の層別因子がなす水準組合せで層別したほうがよい．

【考察】図6.6からは次の知見を得る．

- 機種で中心膜厚を比べると，機種間での膜厚の分布にほとんど差はない．
- 色で中心膜厚を比べると，機種やシンナーの種類によらず，色1の方が色2よりも膜厚は大きめに分布している．
- シンナーで中心膜厚を比べると，機種や色の種類によらず，シンナー2の方がシンナー1よりも膜厚は大きめに分布している．

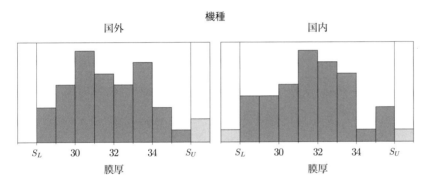

図 6.6 (a) 機種で層別したヒストグラム

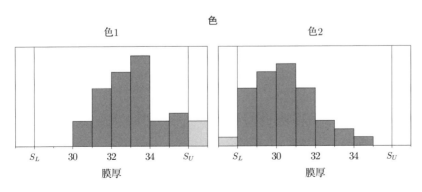

図 6.6 (b) 色で層別したヒストグラム

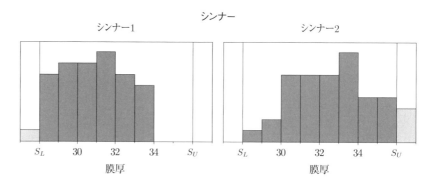

図 6.6 (c)　シンナーで層別したヒストグラム

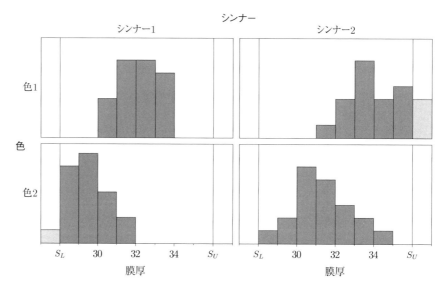

図 6.7　シンナーと色の組合せで層別したヒストグラム

【考察】図6.7を見ると3個の流れ不良は大きめに分布する組（色1，シンナー2）という組合せで発生しており，逆に1個のウス不良は小さめに分布する組（色2，シンナー1）という組合せで発生していることがわかる．

次に，塗装不良の繰り返しのある3元配置データについて，膜厚を特性値としたときの分散分析を表6.4に示す．ここで因子Aはシンナーの種類，因子Bは色，因子Cは機種で，いずれも2水準の**質的因子**である．

表 6.4 膜厚に対する分散分析表

要因	平方和	自由度	平均平方	F 値	p 値
A	78.210	1	78.210	47.678	0.000
B	148.240	1	148.240	90.370	0.000
C	0.171	1	0.171	0.104	0.748
$A \times B$	0.351	1	0.351	0.214	0.645
$A \times C$	0.010	1	0.010	0.006	0.937
$B \times C$	0.045	1	0.045	0.028	0.869
$A \times B \times C$	0.435	1	0.435	0.265	0.608
e	118.107	72	1.640		
T	345.570	79			

【考察】表6.4を見ると，因子Aと因子Bが高度に有意である．これは層別したヒストグラムによる視覚的判断と一致する．一方，分散分析により他の効果が交互作用を含めて無視できると定量的に判断できる[76]．

[76] この場合には，あえて分散分析を用いなくても因子AとBの効果を視覚的に判断できたが，一般にはできないことも多い．そのような場合に有意差を客観的に判定する方法として，**分散分析は非常に強力なツール**となる．

―― JMPを用いた解析（3元配置データの分散分析）――

- メニューの [分析] → [モデルのあてはめ] を選択すると，図6.8のようなダイアログが表示され，ここで「膜厚」を [Y] に指定する．
- 次に「シンナー」，「色」，「機種」を選択し [マクロ] にある [すべての組み合わせ] をクリックする．
- さらに強調点：[要因のスクリーニング] を選択して [実行] を押し，【効果の検定】を開くことで，図6.9のような分散分析の結果を得る．

図 6.8 JMPによるモデルあてはめのためのダイアログ

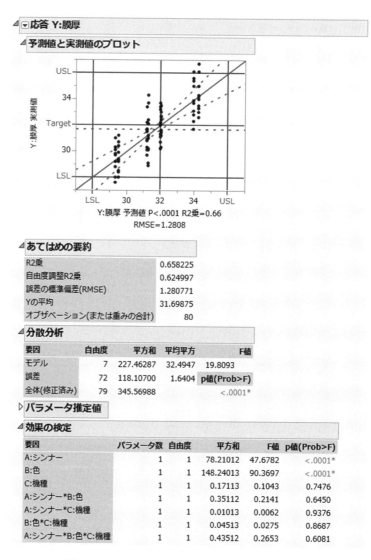

図 6.9 JMP による効果の検定および分散分析

6.2 変動要因解析のための回帰分析

(1) 散布図による要因分析

結果系の特性について，その要因系を整理したものが**特性要因図**である．この図を作成するためには，特性である膜厚を代用特性にしたとき，それが変動する要因を列挙し，図 6.10 のように作用する時間的順序によって書く．

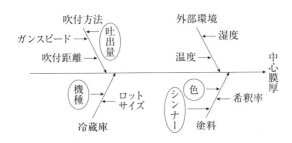

図 6.10 中心膜厚に対する特性要因図（宮川 (2008), p.55）

図 6.10 のように，中心膜厚という代用特性について特性要因図を作成したところ，吐出量が 1 次要因として挙がってきたので，これらの要因を横軸に，品質特性である膜厚を縦軸にとった**散布図**を作成する．

吐出量 x と膜厚 y の関連性を検討するために表 6.5 に示す 80 個の対データを得た．吐出量を横軸に，膜厚を縦軸にとって，後述の図 6.12 のように散布図を描く．

【考察】 吐出量 x の増加によって膜厚 y は直線的に増加している．このとき x と y の相関係数は 0.378 であり相関は低い．吐出量は機種，色，シンナーによらず規格は 90 ± 5 [g] であり，実際，散布図を見ると規格内に入っていることがわかる．

ここでの吐出量のばらつきは結果的に生じたもので，膜厚のばらつきを小さくするには，他の品質改善ための対策が必要となる．本書の第 5 章の相関分析を用いたばらつき低減の方法と比較されたい．

表 6.5 吐出量と膜厚の対データ

No.	x	y	No.	x	y	No.	x	y	No.	x	y
1	91.3	33.5	21	89.6	32.3	41	89.0	31.1	61	91.0	33.3
2	89.3	32.7	22	90.8	35.0	42	90.1	30.7	62	91.6	34.0
3	88.9	31.6	23	88.7	32.8	43	90.3	33.4	63	89.7	35.0
4	90.4	32.6	24	88.8	31.7	44	89.6	32.1	64	92.4	36.7
5	88.5	30.3	25	90.6	35.6	45	90.7	32.0	65	90.4	34.2
6	92.6	33.0	26	89.3	33.1	46	92.2	32.2	66	91.2	36.1
7	91.3	31.4	27	92.4	35.4	47	88.3	33.2	67	90.4	32.6
8	91.5	32.4	28	89.1	33.9	48	90.4	31.3	68	91.0	34.3
9	87.7	31.2	29	89.7	33.7	49	92.2	33.7	69	89.3	33.0
10	89.7	31.5	30	92.2	36.1	50	87.5	30.2	70	90.2	33.5
11	88.6	29.2	31	90.7	31.2	51	90.9	30.7	71	89.7	29.7
12	88.4	27.6	32	91.0	32.4	52	88.0	28.5	72	92.0	31.6
13	89.7	28.8	33	89.3	31.0	53	90.7	29.3	73	89.6	31.7
14	90.4	29.7	34	92.4	34.3	54	92.9	31.2	74	91.3	33.4
15	91.2	28.8	35	92.7	33.7	55	92.6	30.4	75	91.6	32.2
16	89.3	28.0	36	89.7	29.1	56	89.0	29.9	76	91.8	30.8
17	91.7	31.0	37	89.2	30.2	57	89.3	29.2	77	90.3	30.1
18	92.3	29.8	38	90.4	30.1	58	88.7	28.4	78	91.5	30.3
19	89.7	30.3	39	90.1	32.1	59	90.0	28.0	79	90.1	30.9
20	91.2	30.1	40	88.9	28.9	60	91.5	29.4	80	91.0	31.5

―― JMP を用いた解析（散布図および相関係数）――――――――

- 表6.5 の「二変量のデータセット」を作成する．
- メニューの [分析] → [二変量の関係] を選択すると，図 6.11 のようなダイアログが表示される．
- 目的変数である「膜厚」を [Y, 目的変数] に指定し，説明変数である「吐出量」を [X, 説明変数] を指定し，[OK] をクリックすると，図 6.12 のような散布図が表示される．
- 散布図の中の楕円は【吐出量と膜厚の二変量の関係】の左にある三角ボタン ▽ をクリックし，[確率楕円] を選択することで出力される．
- 散布図の下の【相関】をクリックすると，相関係数などが表示される．

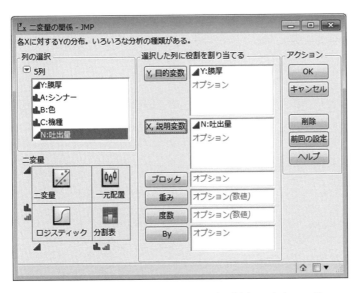

図 6.11　JMP における二変量関係に対するダイアログ

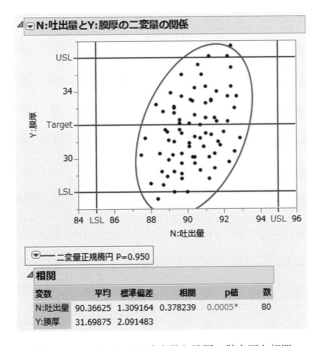

図 6.12　JMP による吐出量と膜厚の散布図と相関

(2) 統計解析：変動要因解析のための単回帰分析

膜厚を目的変数 y とし，吐出量を説明変数 x とした**単回帰モデル**

$$y = \beta_0 + \beta_1 x + \varepsilon, \quad \varepsilon \sim N(0, \sigma^2) \tag{6.1}$$

を想定する．これより，表 6.5 のデータに基づいて推定式を求めると

$$膜厚\ \hat{y} = -22.906 + 0.604 \times 吐出量\ x \tag{6.2}$$

となり，この回帰直線を図示すると図 6.13 のようになる．回帰係数 β_1（吐出量）の p 値を見ると 1% で有意である．(6.2) 式で与えられた推定式の左辺に，膜厚のねらい値である 32 を代入し，逆算すると吐出量は 90.9 となる．

【対策案】現状の吐出量の平均値が 90.4 なので，平均値を 0.5 ほど減少させるような対策を講じる必要がある．ただし，寄与率が低いので逆推定値は参考にとどめる．

一方，回帰式の結果の寄与率と回帰することの意味について**分散分析**を行う．その結果は図 6.13 で与えられている．これより F 値は 13.022 であり，回帰係数に関する F 検定は 1% 有意となる．単回帰の場合，この F 検定に対する p 値は，先ほどの回帰係数に対する p 値と同じである．また寄与率 R^2 は 0.143 である．

JMP を用いた解析（単回帰分析）

- メニューの [分析] → [二変量の関係] を選択すると，図 6.11 のようなダイアログが表示される．
- 目的変数である「膜厚」を [Y, 目的変数] に指定し，説明変数である「吐出量」を [X, 説明変数] に指定し，[OK] をクリックすると，図 6.12 のような散布図が表示される．
- 【吐出量と膜厚の二変量の関係】の左にある三角ボタン ▽ をクリックし，[直線のあてはめ] を選択すれば単回帰分析の出力結果が図 6.13 のように表示される．
- 図 6.13 における信頼区間および予測区間は，散布図の下の「直線のあてはめ」の左にある三角ボタン ▽ をクリックし，[回帰の信頼区間] と [個別の値に対する信頼区間] を選択すると表示される．さらに [残差プロット] を選択することで，図 6.14 のように「診断プロット」が出力され回帰診断も可能となるので検討するとよい．

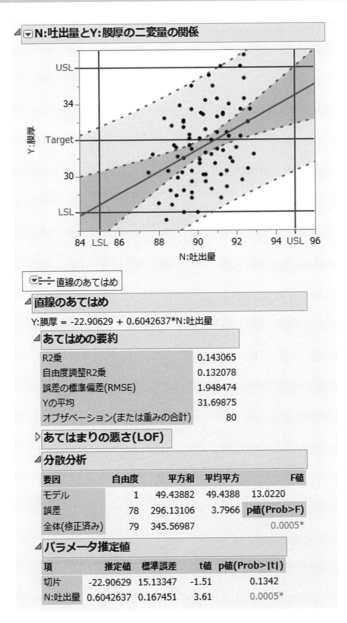

図 6.13　JMP による吐出量と膜厚の単回帰分析

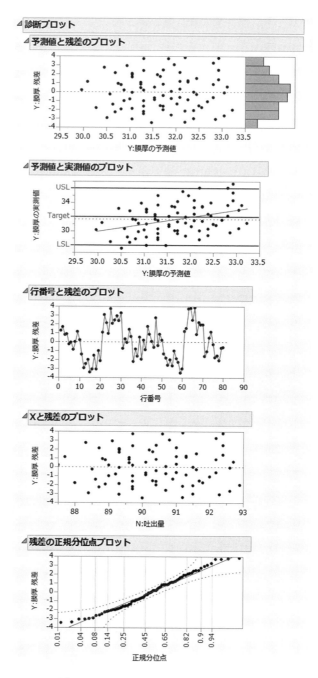

図 6.14 JMP による回帰診断プロット

(3) 統計解析：ダミー変数を使った交互作用項を含む回帰分析

前述で膜厚を目的変数 y とし，吐出量を説明変数 x とした単回帰分析を行ったが，寄与率が極めて低い値であった．これは表 6.4 の分散分析で確認したように，A（シンナー）と B（色）によって膜厚の分布が異なっているためと考えられる．

そこで，層別因子である A（シンナー），B（色）および因子 C（機種）を説明変数に追加した回帰分析を行ってみる．表 6.5 のデータに対して層別因子の組合せ $2 \times 2 \times 2 = 8$ 通りの条件で同じ数の（吐出量，中心膜厚）の対データ（繰り返しのある 3 元配置データ）を表 6.6 に示す．

表 6.6 繰り返しのある 3 元配置データ（宮川 (2008), p.56）

		国内	国外
シンナー1	色1	(91.3, 33.5) (89.3, 32.7) (88.9, 31.6) (90.4, 32.6) (88.5, 30.3) (92.6, 33.0) (91.3, 31.4) (91.5, 32.4) (87.7, 31.2) (89.7, 31.5)	(89.0, 31.1) (90.1, 30.7) (90.3, 33.4) (89.6, 32.1) (90.7, 32.0) (92.2, 32.2) (88.3, 33.2) (90.4, 31.3) (92.2, 33.7) (87.5, 30.2)
シンナー1	色2	(88.6, 29.2) (88.4, 27.6) (89.7, 28.8) (90.4, 29.7) (91.2, 28.8) (89.3, 28.0) (91.7, 31.0) (92.3, 29.8) (89.7, 30.3) (91.2, 30.1)	(90.9, 30.7) (88.0, 28.5) (90.7, 29.3) (92.9, 31.2) (92.6, 30.4) (89.0, 29.9) (89.3, 29.2) (88.7, 28.4) (90.0, 28.0) (91.5, 29.4)
シンナー2	色1	(89.6, 32.3) (90.8, 35.0) (88.7, 32.8) (88.8, 31.7) (90.6, 35.6) (89.3, 33.1) (92.4, 35.4) (89.1, 33.9) (89.7, 33.7) (92.2, 36.1)	(91.0, 33.3) (91.6, 34.0) (89.7, 35.0) (92.4, 36.7) (90.4, 34.2) (91.2, 36.1) (90.4, 32.6) (91.0, 34.3) (89.3, 33.0) (90.2, 33.5)
シンナー2	色2	(90.7, 31.2) (91.0, 32.4) (89.3, 31.0) (92.4, 34.3) (92.7, 33.7) (89.7, 29.1) (89.2, 30.2) (90.4, 30.1) (90.1, 32.1) (88.9, 28.9)	(89.7, 29.7) (92.0, 31.6) (89.6, 31.7) (91.3, 33.4) (91.6, 32.2) (91.8, 30.8) (90.3, 30.1) (91.5, 30.3) (90.1, 30.9) (91.0, 31.5)

層別因子は 2 水準系の質的因子なので，これらを回帰分析の説明変数にするには**ダミー変数**の形にするとよい．層別因子をダミー変数 $z(= \pm 1)$ で表し[77]，これらを吐出量 x に加えたときの**回帰モデル**

$$y = \beta_0 + \beta_1 x + d_A z_A + d_B z_B + d_C z_C + \varepsilon, \quad \varepsilon \sim N(0, \sigma^2) \tag{6.3}$$

を想定する[78]．

ここでダミー変数 z_A, z_B および z_C は

$$z_A = 1 \quad A \text{ が } A_1\text{（シンナー 1）のとき}$$
$$= -1 \quad A \text{ が } A_2\text{（シンナー 2）のとき}$$

[77] ダミー変数の設定で，後の推定式の表現が異なるので注意されたい．

[78] 目的変数が量的変数，説明変数が質的変数の場合，特に数量化 I 類と呼ばれる．実際には，本事例のように説明変数に量的変数と質的変数が混在している場合が多い．

$$z_B = 1 \quad B \text{ が } B_1 \text{ (色 1) のとき}$$
$$= -1 \quad B \text{ が } B_2 \text{ (色 2) のとき}$$
$$z_C = 1 \quad C \text{ が } C_1 \text{ (国外) のとき}$$
$$= -1 \quad C \text{ が } C_2 \text{ (国内) のとき}$$

である．d_A, d_B および d_C は対応する**偏回帰係数**である．

表 6.6 のデータに基づいて，推定した回帰式は

$$\hat{y} = -23.976 + 0.616x - 0.880z_A + 1.434z_B - 0.036z_C \tag{6.4}$$

$$= -23.976 + 0.616x + \begin{cases} -0.880 \text{ (シンナー 1)} \\ 0.880 \text{ (シンナー 2)} \end{cases} + \begin{cases} 1.434 \text{ (色 1)} \\ -1.434 \text{ (色 2)} \end{cases}$$

$$+ \begin{cases} -0.036 \text{ (国外)} \\ 0.036 \text{ (国内)} \end{cases}$$

となる．後述の図 6.16 の出力結果において，個々の偏回帰係数の p 値を見ると「機種」を除いて，いずれも高度 (1%) に有意である．

【考察】(6.4) 式で与えられる推定された回帰式の寄与率は 0.799，自由度調整済み寄与率は 0.788 であり，ダミー変数を考慮した回帰モデルは (6.2) 式に比べ適合度が高いモデルになっていることがわかる．

【残差の検討】 膜厚データの回帰分析の結果について残差分析をしてみる．まず，図 6.14 の一番上にある図は，(6.2) 式で与えられる推定された単回帰式から得られる予測値 $\hat{y}$ と実際の観測値 y との残差をプロットしたものである．既に述べたように，残差のヒストグラムは，ほぼ左右対称の正規分布であるものの寄与率は 0.143 と低い．すなわち，誤差の標準偏差が大きいことがわかる．

そこで，誤差の標準偏差を小さくするために，分散分析で効果が有意になった（分布形が異なる）シンナーおよび色をダミー変数として説明変数に追加して重回帰分析を行うと，寄与率はかなり向上した．図 6.16 の誤差の標準偏差を見ると 0.962 であり，ばらつきが低減している．なお，これらは回帰診断プロットによる視覚化によっても確認できる．

このように，残差にはさまざまな重要な情報が含まれており，本書では触れないが，時系列データの場合（操業データなどの工程管理）には，横軸を時間とし，残差を縦軸にプロットすることにより，外れ値のチェックや残差

の自己相関（系列相関）なども検討することが可能である．他にも，説明変数と残差との散布図に非線型性（例えば，2次的な傾向）が見られるならば，説明変数に2乗の変数を取り込むことにより[79]，確実にモデル適合は高くなる．

79) 説明変数の2乗を変数として追加する場合には，それらの相関が高くなることを防ぐために，通常，その平均値からの偏差の2乗を変数とする．

―― JMPを用いた解析（ダミー変数を追加した回帰分析）――

- 目的変数である膜厚および説明変数である吐出量に層別因子（機種，色およびシンナー）の情報を追加した繰り返しのある形式的3元配置データを作成する．
- メニューの[分析]→[モデルのあてはめ]を選択すると，図6.15のようなダイアログが表示され，ここで「膜厚」を[Y]に指定する．
- 次に層別因子である「シンナー」，「色」，「機種」および連続変数である「吐出量」を選択し，[追加]ボタンをクリックし，これらを説明変数とする．
- さらに強調点：[要因のスクリーニング]を選択し，[実行]を押すと出力結果として図6.16を得る．(6.4)式は「パラメータの推定値」を参照して定式化したものである．
- 回帰診断の結果は，図6.16の【応答Y:膜厚】の左にある▽をクリックし，[行ごとの診断統計量]を選択し，「予測値と残差のプロット」および「行番号と残差のプロット」にチェックを入れることで出力される．

図 6.15　JMPによるモデルはてはめのためのダイアログ（主効果のみ）

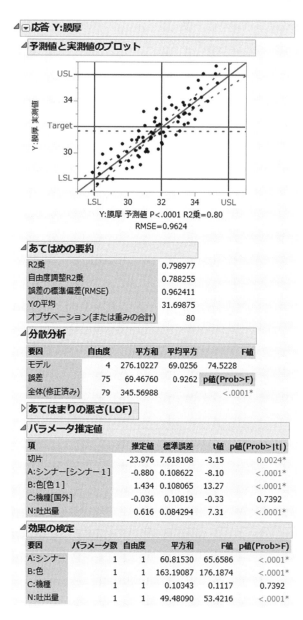

図 6.16 ダミー変数を吐出量に追加した回帰分析

さらに，シンナーや色の種類によって吐出量の**効果**（傾き）が異なるかどうか判定するために説明変数として，(6.4) 式に層別因子と説明変数の積項 $z_A x$, $z_B x$ および $z_C x$ を追加し，ダミー変数を使った交互作用項を含む回帰モデルを考えてみよう．

変数増減法により変数選択を行った後の推定式は

$$\hat{y} = -29.191 + 20.165 z_A + 1.442 z_B + 0.673 x - 0.233 z_A x \quad (6.5)$$

で与えられる．ただし，追加と除去は **p 値規準**で，それを 0.25 としている．

【考察】積項 $z_A x$ が変数選択され，かつ偏回帰係数が有意であるということはシンナー A_1 と A_2 での吐出量 x の傾きが異なる（シンナーと吐出量には交互作用がある）ということが統計的に示されたことになる．またこの回帰式の寄与率は 0.818，自由度調整済み寄与率は 0.808 となり，膜厚の変動を十分に説明するモデルとなってることがわかる．

JMP を用いた解析（ダミー変数による交互作用項を含む回帰分析）

- 目的変数である膜厚および説明変数である吐出量に層別因子（機種，色およびシンナー）の情報を追加した「繰り返しのある形式的 3 元配置データ」を作成する．
- メニューの [分析] → [モデルのあてはめ] を選択すると，図 6.17 のようなダイアログが表示される．
- これは「膜厚」を [Y] に指定し，説明変数として層別因子である「シンナー」，「色」，「機種」と吐出量を選択し，[マクロ]→[選択された次数まで] をクリックすると得られる．ここでは次数 2 としておく．
- さらに，手法：[ステップワイズ法] を選択して [実行] ボタンを押す．
- 図 6.18 のようにステップワイズ回帰の設定において，停止ルールを [閾値 p 値]，方向に関しては [変数増減] を選択する．ここでは p 値規準を 0.25 とする．その後，[実行] ボタンを押し，モデルを決定する．
- 次に [モデルの作成] をクリックし，モデル設定を確認する．ここで，強調点：[要因のスクリーニング] し，[実行] を押すと，図 6.19 のようにモデル選択後の出力結果が得られる．(6.5) 式は「パラメータの推定値」を参照して定式化したものである．ただし，ここでは「モデルの指定」の左にある三角ボタン ▽ をクリックし，「多項式の中心化」を外した表現にしている．

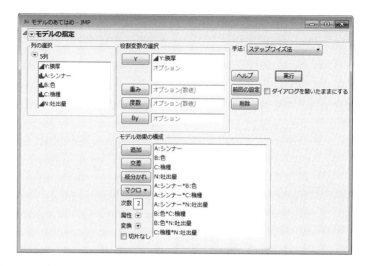

図 6.17 JMP によるモデルはてはめのためのダイアログ（交互作用を含む）

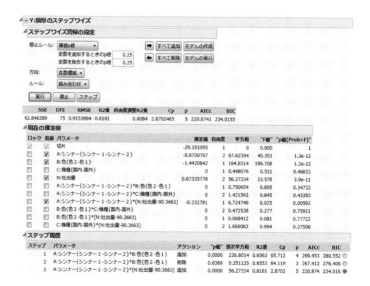

図 6.18 JMP によるステップワイズ回帰の設定

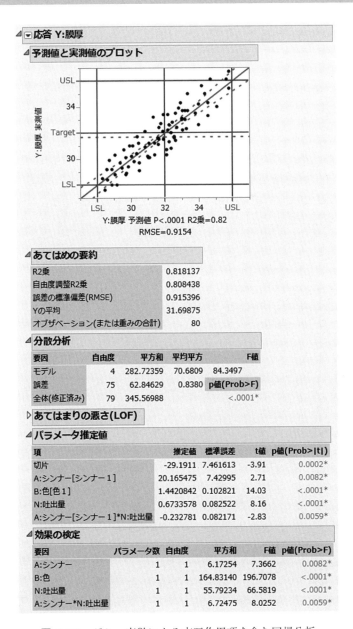

図 6.19 ダミー変数による交互作用項を含む回帰分析

6.3 交互作用を利用したばらつき低減

本事例では，吐出量と中心膜厚の相関は強くなく，相関分析によるばらつきの低減はそれほど望めない．そこで前節で回帰分析の結果，色とシンナーが中心膜厚に効いていることがわかっているので，図 6.12 の散布図をこれら層別因子で層別してみる．

【考察】図 6.20 (a) を見ると色 1 と色 2 の点の位置は上下に分かれている．色 1 内および色 2 内でも相変わらず，吐出量と膜厚の相関は強くなく，両者の傾きの違いはほとんどない．

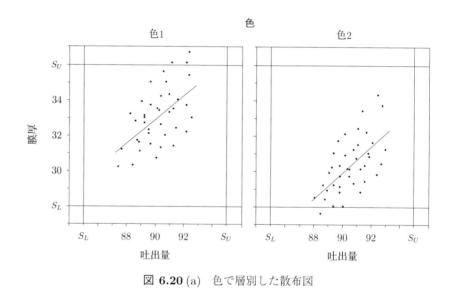

図 **6.20** (a)　色で層別した散布図

【考察】図 6.20 (b) を見ると，吐出量の膜厚へ傾きがシンナーの種類によって異なることがわかる．これを膜厚に対して「吐出量とシンナーとの間に交互作用がある」という．いま，吐出量のばらつきのコントロールが難しいため（規格 90 ± 5 に入っているため），この交互作用を利用して膜厚のばらつきを減らすことが可能である．

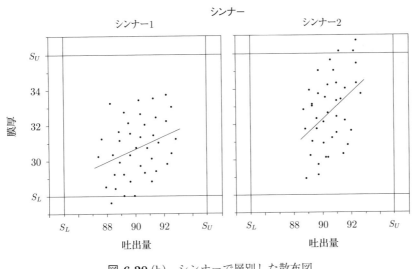

図 6.20 (b) シンナーで層別した散布図

【対策案】(i) 流れ不良は（色 1，シンナー 2）という組合せで発生し，ウス不良は（色 2，シンナー 1）という組合せで発生する．(ii) 色は水準の選択ができないが指定のできる標示因子であること，およびシンナーは水準選択ができる制御因子である，ということから「色 1 ではシンナー 1 を使い，色 2 ではシンナー 2 を使う」というものが考えられる．

> JMP を用いた解析（シンナーと色の組合せで層別した散布図）
>
> [グラフ] → [グラフビルダー] を選択する．膜厚のデータに対して，層別因子（シンナー，色）をそれぞれ選択することで層別した散布図を得る．具体的には，「膜厚」を「Y」ゾーン，「吐出量」を「X」ゾーン，「シンナー」を「グループ X」にドラッグ&ドロップするとよい．

しかし，今回採取した 80 個のサンプルにおいては，確かに（色 1，シンナー 1），（色 2，シンナー 2）という組合せで不良は出ていないが，サンプル数が増えれば（量産段階），ウス不良が出る可能性が高い．

そこで，色とシンナーはいずれも中心膜厚に影響する要因であるため両者を組合せて層別を行ってみる．図 6.21 の上の図はシンナー 1 のもとで，色で層別した散布図であり，同様に下の図はシンナー 2 のもとで，色で層別した散布図である．

【考察】シンナー1とシンナー2では，吐出量の中心膜厚への影響は異なり，その傾きはシンナー1の方が小さい．シンナー2では傾きが大きいので，色2においても吐出量がいま以上に変動すると，ウス不良はもちろん流れ不良の出る可能性がある．

【対策案】シンナーはすべて傾きの小さいシンナー1にする．このとき，色1では平均が32付近でちょうどよいが，色2では全体的に下方に分布している．そのため，色2では，吐出量の標準を現行の90から95 [g]へ増加させれば調整可能である．水準の変更は，原因そのものの除去によるばらつきの低減に比べて容易な対策である．

最後に，(6.5)式のもとで工程能力指数を用いたばらつきの評価する．S_UおよびS_Lはそれぞれ36, 28であり，誤差の標準偏差$s = 0.915$なので

$$\widehat{C}_p = \frac{(S_U - S_L)}{6 \times s} = \frac{(36 - 28)}{6 \times 0.915} = 1.457$$

を得る．これより，工程能力がかなり改善され，ばらつきが低減されていることがわかる．

実は，この対策はロバストパラメータ設計における制御因子と誤差因子の交互作用の利用と基本的に同じ問題解決を行っていることになる[80]．本事例では，吐出量がどんなにばらついたとしても（パラメータ設計でいう誤差因子に相当），シンナーの水準を変更することでばらつき低減を実現したのである．

このようにパラメータ設計の考え方は何も実験研究に固有なものではなく，観察研究でも適用可能である．そのためには観察データの形式を限りなく，実験データ（対データや層別されたデータなどの多元配置）に近づけるようなインフラ作りが必要なのである．

[80] 本事例では，たまたまシンナーと吐出量の交互作用を発見し，それを利用してばらつきの低減化を行った．第1章でも述べたように，実験研究ではなるべく多くの制御因子を割り付けることにより，改善の可能性を高めるのである．

― JMPを用いた解析（シンナーと色の組合せで層別した散布図）―

[グラフ]→[グラフビルダー]を選択する．これより膜厚のデータに対して，層別因子（シンナー，色）を組合せ層別した散布図を出力することができる．具体的には，「膜厚」を「Y」ゾーン，「吐出量」を「X」ゾーン，「シンナー」を「グループY」，「色」を「重ね合わせ」にドラッグ&ドロップして，Shiftキーを押しながら回帰直線および楕円のアイコンをクリックするとよい．その出力結果を図6.21に示す．

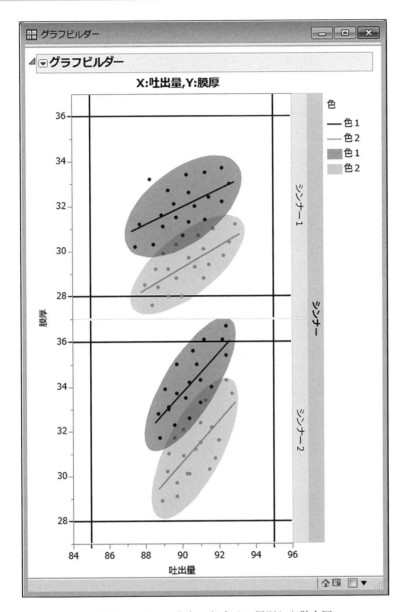

図 6.21　シンナーと色の組合せで層別した散布図

参考文献

[1] Wu, C. F. J. and Hamada, M. S. (2009): *Experiments: Planning, Analysis, and Optimization* (2nd ed.), John Wiley & Sons.
[2] 圓川隆夫, 宮川雅巳 (1992):『SQC 理論と実際』, 朝倉書店.
[3] 河村敏彦 (2011):『ロバストパラメータ設計』, 日科技連出版社.
[4] 河村敏彦, 高橋武則 (2013):『統計モデルによるロバストパラメータ設計』, 日科技連出版社.
[5] 田口玄一 (1976):『第 3 版 実験計画法(上)』, 丸善.
[6] 田口玄一 (1977):『第 3 版 実験計画法(下)』, 丸善.
[7] 田口玄一 (1999):『品質工学の数理』, 日本規格協会.
[8] 椿広計, 河村敏彦 (2008):『設計科学におけるタグチメソッド』, 日科技連出版社.
[9] 宮川雅巳 (2000):『品質を獲得する技術』, 日科技連出版社.
[10] 宮川雅巳 (2008):『問題の発見と解決の科学 SQC の基本』, 日本規格協会.

統計的推論, 回帰分析, 実験計画法, 統計的品質管理および品質工学(タグチメソッド)に関する入門的な本およびさらに学ぶための参考書をあげておく.

[11] 永田靖 (1992):『入門統計解析法』, 日科技連出版社.
[12] 永田靖, 棟近雅彦 (2001):『多変量解析入門』, サイエンス社.
[13] 久米均, 飯塚悦功 (1987):『回帰分析』, 岩波書店.
[14] 圓川隆夫 (1988):『多変量のデータ解析』, 朝倉書店.
[15] 鷲尾泰俊 (1988):『実験の計画と解析』, 岩波書店.
[16] 鷲尾泰俊 (1997):『実験計画法入門(改訂版)』, 日本規格協会.
[17] 永田靖 (2000):『入門実験計画法』, 日科技連出版社.
[18] 山田秀 (2004):『実験計画法−方法編−』, 日科技連出版社.
[19] 谷津進, 宮川雅巳 (1988):『品質管理』, 朝倉書店.
[20] 立林和夫 (2004):『入門タグチメソッド』, 日科技連出版社.

※本書に掲載した写真は, Wikipedia より引用した. 本文中に特に示したものを除いてパブリック・ドメインとされている. p.7 の写真は帰属を調べあてることができなかったが, 歴史的な意義等を重視し, 掲載した.

索引

【あ行】

1次効果, 29, 36
1次モデル, 29, 36, 76
内側直交表, 3
SN比, 20
SN比モデル, 34
F値, 37
L&D モデリング, 29
応答関数モデリング, 76
応答曲面法, 29
応答曲面モデル, 29
応答モデル, 36, 54

【か行】

回帰モデル, 117
完全無作為化実験, 10
感度, 20
基本機能, 13, 60
逆推定, 95
QC ストーリー, 2
QC 七つ道具, 84
寄与率, 37
ケチの原理, 37
結果系, 84
減衰, 3
検定統計量, 88
交互作用, 13
交互作用パターン, 11
工程能力指数, 89
誤差因子, 3
誤差項, 29, 36
誤差の標準偏差, 97

【さ行】

最適水準, 23
3元配置, 106
算術平均, 20
散布図, 91
システム選択, 13
質的因子, 108
重点指向, 85
自由度調整済み寄与率, 37
主効果, 22
情報量規準, 37
信号因子, 60
水準平均, 22
正規分布, 36
制御因子, 3
制約条件, 41
ゼロ点比例式, 60
ゼロ点比例式モデル, 76
相関, 97
相関係数, 92, 97
層別, 88
層別因子, 88, 106
層別した散布図, 124
層別したヒストグラム, 107
外側条件, 3

【た行】

対数変換後の分散, 29
田口の動特性の SN 比, 65
田口の動特性の感度, 65
田口の望目特性の SN 比, 20
田口の望目特性の感度, 20
タグチメソッド, 3
ダミー変数, 36, 117

チェックシート, 84
調整因子, 13, 36
直積配置, 17
統計的品質管理, 2
同時要因解析, 28, 29
特性要因図, 85, 111

【な行】
2 元配置, 63
2 次モデル, 29
2 段階設計法, 13
入出力関係, 60

【は行】
パフォーマンス測度モデリング, 71
パレート図, 84
半正規プロット, 31, 51
p 値, 37
非線型計画法, 41
非線型計画問題, 41
ふた山型, 88
物理的メカニズム, 60
不適合, 84
不偏分散, 20
フルモデル, 74
分散分析, 21, 109
分散分析表, 37
平均値の差の検定, 88
偏回帰係数, 118
変数選択, 36
変数増減法, 37, 121
変動係数, 20
変動要因解析, 85
変量因子, 10
望大特性, 44, 47
望大特性の SN 比, 47
望目特性, 16
母分散, 20
母平均, 20

【ま行】
目的関数, 41
問題解決型 QC ストーリー, 84
問題解決法, 2

【や行】
要因系, 84
要因効果図, 22
要約統計量, 86

【ら行】
理想機能, 60
量的因子, 16
ロバストパラメータ設計, 3

著者紹介

河村敏彦（かわむら　としひこ）

1975 年	広島県に生まれる
2004 年	広島大学大学院工学研究科複雑システム工学専攻 博士後期課程修了　博士（工学）
2006 年	大学共同利用機関法人情報・システム研究機構 統計数理研究所データ科学研究系・助手，リスク解析戦略研究センター， 総合研究大学院大学複合科学研究科統計科学専攻（兼）
2011 年	ジョージア工科大学産業システム工学科 (Georgia Institute of Technology Industrial & Systems Engineering) 客員研究員（2012 年 3 月まで）
現　在	島根大学医学部附属病院医療情報部・准教授 統計数理研究所サービス科学研究センター・客員准教授（兼）

専攻
統計的品質管理，品質工学

著書
『設計科学におけるタグチメソッド』（共著，日科技連出版社，2008 年）
『ロバストパラメータ設計』（日科技連出版社，2011 年）
『統計モデルによるロバストパラメータ設計』（共著，日科技連出版社，2013 年）
『新版 信頼性ガイドブック』（分担，日科技連出版社，2014 年）

JMP および S-RPD アドインに関する問い合わせ先

SAS Institute Japan 株式会社 JMP ジャパン事業部
〒 106-6111 東京都港区六本木 6-10-1 六本木ヒルズ森タワー 11F
TEL：03-6434-3780　（平日 9：00〜12：00 ／ 13：00〜17：00）
FAX：03-6434-3781
E-Mail：jmpjapan@jmp.com
URL：http://www.jmp.com/japan/

※本書では JMP 11 を使用しています．また，S-RPD アドインは，JMP のライセンスをお持ちの方に配布しており，動作する JMP のバージョンなどいくつか制約を設けています．

ISM シリーズ：進化する統計数理 4
製品開発のための統計解析入門
―JMP による品質管理・品質工学―

©2015　Toshihiko Kawamura
Printed in Japan

2015 年 1 月 31 日　　初版第 1 刷発行

著　者　　　　河　村　敏　彦
発行者　　　　小　山　　　透
発行所　　　㈱ 近代科学社

〒 162-0843　東京都新宿区市谷田町 2-7-15
電話 03-3260-6161　　振替 00160-5-7625
http://www.kindaikagaku.co.jp

加藤文明社　　ISBN 978-4-7649-0474-3
　　　　　　　定価はカバーに表示してあります．

ISMシリーズ: 進化する統計数理

統計数理研究所 編
編集委員 樋口知之・中野純司・丸山 宏

1. マルチンゲール理論による統計解析

著者：西山陽一
B5変型判・184頁・定価（本体3,600円＋税）

1 読者へのメッセージ／2 半マルチンゲールによる統計的モデリングへのいざない
3 読みはじめるにあたって／4「確率過程の統計解析」への最短入門
5 離散時間マルチンゲールのエッセンス／6 連続時間マルチンゲール
7 尤度の公式／8 漸近理論のためのツール／9 確率過程の統計解析

2. フィールドデータによる統計モデリングとAIC

著者：島谷健一郎
B5変型判・232頁・定価（本体3,700円＋税）

1 統計モデルによる定量化とAICによるモデルの評価―どのくらい大きくなると花が咲くか
2 最小2乗法と最尤法，回帰モデル―樹木の成長パターンとその多様性
3 モデリングによる定性的分類と定量的評価―ペンギンの泳ぎ方のいろいろ
4 AICの導出―どうして対数尤度からパラメータ数を引くのか
5 実験計画法と分散分析モデル―ブナ林を再生する
6 データを無駄にしないモデリング―動物の再捕獲失敗は有益な情報
7 空間データの点過程モデル―樹木の分布と種子の散布
8 データの特性を映す確率分布―飛ぶ鳥の気持ちを知りたい
9 ベイズ統計への序章―もっと自由にモデリングしたい

3. 法廷のための 統計リテラシー
　　―合理的討論の基盤として―

著者：石黒真木夫・岡本 基・椿 広計・宮本道子・弥永真生・柳本武美
B5変型判・216頁・定価（本体3,600円＋税）

序章 この本について／1 不確実性を扱う基礎数理と不確実性下での意思決定
2 統計思考と合理的討論／3 事実の認定を支える証拠と公的な判断／4 法と統計学
5 裁判における科学的な証拠／統計学の知見の評価と利用